2018—2019年秋冬
羊绒针织服装流行趋势

2018—2019 A/W CASHMERE KNITTING TRENDS

雪莲集团流行趋势编写组 编著

国家一级出版社
全国百佳图书出版单位

中国纺织出版社

内 容 提 要

本书以"昼启·远丘""奇遇·绿洲""流年·纪事""心逸·遐游"四大趋势为主题,完整而深入地展示了最新的羊绒针织服装流行趋势研究成果,以更加全面、系统、专业的视角,阐释羊绒针织服饰流行趋势的价值及应用。这本以企业品牌研发为主导,以服务行业为目的的流行画册,不仅是雪莲产品研发的基础,而且为同行们的产品研发提供了参考方向。

图书在版编目(CIP)数据

2018—2019年秋冬羊绒针织服装流行趋势 / 雪莲集团流行趋势编写组编著 .—北京:中国纺织出版社,2018.8

ISBN 978-7-5180-5232-5

Ⅰ.①2… Ⅱ.①雪… Ⅲ.①羊绒织物—服装—市场预测—世界—2018-2019 Ⅳ.① TS941.774

中国版本图书馆 CIP 数据核字(2018)第 158641 号

责任编辑:孙 玲 责任校对:陈 红 责任印制:储志伟

中国纺织出版社出版发行
地址:北京市朝阳区百子湾东里 A407 号楼 邮政编码:100124
销售电话:010-67004422 传真:010-87155801
http://www.c.textilep.com
E-mail:faxing@c.textilep.com
中国纺织出版社天猫旗舰店
官方微博 http://weibo.com/2119887771
北京雅昌艺术印刷有限公司印刷 各地新华书店经销
2018 年 8 月第 1 版第 1 次印刷
开本:889×1194 1/16 印张:13.5
字数:367 千字 定价:398.00 元

前言 1

作为中国羊绒行业的开拓者，雪莲品牌从 20 世纪 60 年代实现中国羊绒技术和羊绒产品零的突破开始，经历半个多世纪的发展，在推动中国羊绒产业羊绒服饰品牌走向世界的不懈努力中，坚持始终如一的高品质制造和经典设计创新，不愧为"中国第一羊绒品牌"的美誉。

进入新时代，品牌要想真正成为产业和市场的领导者，与科研机构深度合作，从工艺技术、文化理念等方面不断提升时尚行业的话语权是优秀企业经营者的明智之举。北京雪莲集团从 2014 年开始，充分整合行业优势资源，与北京服装学院、中国针织服装设计研究中心深入合作，结合中国市场特点，全面系统地设计研究，推出了具有行业权威引导价值的《2018—2019 年秋冬羊绒针织服装流行趋势》，为羊绒针织服装行业研究、工艺技术发展、探寻消费市场流行走向，提供了有时代意义的创新理念和科技文化依据，为中国时尚品牌创新树立了榜样。

探寻适合中国特色并能影响国际时尚的流行理念，是个不小的挑战。我国时尚界过去习惯看欧美发达国家的时尚表情，曾经只能跟随、模仿。只有当国家政治稳定了，经济繁荣发展了，科研水平提升了，文化内涵丰盛了，中国的服饰品牌才有可能潜心研发出自己的流行文化，才有可能创造出引导产业创新发展的科学技术，才有可能设计制造出引领消费市场的风尚标和趋势源。本书结合羊绒针织服饰的特性，分别从色彩、廓形、设计点、材质、工艺等几方面开展研究，并紧紧抓住消费品人群期望和时尚需求，围绕度假旅行的休闲羊绒针织时装生活方式来展开设计创新，结合先进的羊绒工艺技术和多种材质，呈现出 32 个指导色彩，48 片精美成型织物，144 款针织服装设计。揭示出有"软黄金"之称的羊绒针织时装新一季的流行理念，这些颇具前瞻性与实用性的研究成果，不仅代表了当代中国纺织服装产业设计研发创新水平的高度，而且为中国品牌在国际市场赢得时尚话语权、引领消费市场走向奠定了基础。

权威的流行趋势研究成果，最重要的价值在于其能够引导人们审美情趣的升华。本书的开发研究虽源自雪莲品牌，但通过持续不断地专业研究和权威发布，这些成果在专家、学者、从业者乃至消费者心中，播撒下的却是一颗美的种子——让人们从内心深处认识羊绒服饰的时尚之美、内涵之美。

我国羊绒针织时装细分市场已近饱和状态，羊绒服饰行业的崛起周期将变得更加紧迫，如何根据消费市场需求，推动羊绒服饰产业链各环节的创新，用时尚文化不断提升羊绒服饰在消费者心目中的地位，正成为羊绒服饰行业深度思考的问题。雪莲《2018—2019 年秋冬羊绒针织服装流行趋势》的推出，为中国羊绒针织服装产业的竞争带来一股新的活力，为中国羊绒品牌的崛起注入了一股清新之风。

本书出版方邀请国内著名的时装设计师和专家学者，从不同的角度诠释了时尚流行理念，是国家政治、经济、科技、文化发展的结晶，是民族生存环境特征的写意，是时代消费需求变化节奏的走向，并在深刻揭示流行趋势对产业和市场的影响，提升中国时尚流行话语权的时代意义的同时，更让我们认识到，一个健康发展的国家、一个有担当的民族，在引领时尚潮流上是有时代责任和历史使命的。

刘元风

北京服装学院原院长、中国服装设计师协会副主席

刘元风　2018 年 5 月

前言 2

所谓流行，即在一定历史期间，一定数量的人，受某种意识驱使而普遍采用的某种行为或生活方式所形成的社会现象。

流行也被称为时尚，其内容相当广泛，不仅涉及人类的衣食住行用等所有生活方面，而且连语言、观念也都存在流行。

流行这种社会现象的主要媒介是人类的模仿本能，人们通过重复某些人的行为和意识，在心理上取得与其同化的效果，这满足了人们精神上的欲求，协调了人与人之间的关系，这是人类社会能够成立的基本条件之一。因此，流行并非现代社会的产物，它与人类历史同样久远。

人类在群聚的社会生活中，存在着两种不同的心理倾向：一种是求异心理，一种是求同心理。前者是追求新、异，不满足现状，想与众不同的心理倾向；后者是不愿意改变，墨守成规，不想突出自己的从众心理。这两种倾向以不同的比例混合，共同存在于每个人的心理。前者倾向强的人，对新的风尚非常敏感，他们往往是新流行的创造者或先驱模仿者，随着这类人的增加，流行被扩大，逐渐形成一种代表"新"的势力，这种新时尚会对当时社会产生一种心理强制作用，吸引更多的人效仿，使流行向更大范围扩大，那些一开始还接受不了的人，也会在从众心理的驱使下被动地开始参与模仿，而流行也就在这后一种心理倾向较强的人的参与下被普及和一般化，从而失去新鲜感和特色。与此同时，不满现状的人又在创造新的流行。流行就是在人类这两种心理倾向的作用下周而复始，从遥远的过去走来，又向未来走去。

从性质、规模和社会作用上，流行可归纳为三个历史阶段：

其一是产业革命前的流行。由于身份等级制度、封闭的专制政体使社会各阶层之间形成明显的区别，服饰成了身份象征，发挥着"别贵贱，辨等威"、维护社会秩序的作用，统治阶级与被统治阶级在衣着、服饰等生活内容上被制度化，不允许自由选择，因此，流行就被局限于同等级的社会阶层之间或在某种范围内获得允许的社会阶层间进行，流行规模小、周期长。

其二是18世纪后半叶以来西方近代社会的流行。产业革命和法国资产阶级大革命这两大历史车轮从经济和政治两个方面推动欧洲社会摆脱封建政体束缚进入资本主义社会，身份等级制逐步消亡、生产力解放、经济飞速发展，这使近代西方的流行在范围和速度上不断提升，流行的商业性特色也开始显现。

其三是现代社会的流行。伴随着工业化进程，现代社会是以生产的集约化，组织形式的准军事化和生活方式的标准化为特色的，流行的鲜明特色是其浓厚的商业化。随着信息化、全球化时代的到来，现代的流行不再是局限于某一国度、某一民族或某一社会阶层，跨地域、广范围、高速度、短周期是其特色。在现代社会中，每个消费者出于各种目的（为了时尚、为了方便、为了某种生活情趣）对流行给予相当的关注。但由于工作领域的局限，绝大多数人在忙碌的生活中又无暇去研究流行和预测流行，只能通过互联网等现代传媒手段来捕捉和掌握流行信息。这就为人为创造流行带来商机，流行趋势发布就是引导人们按照既定的方向去消费，人为地促成一个又一个新的流行，以满足消费者不断增长的需求。

流行趋势的预测并非凭空臆造，而是在深入研究流行规律和国内外流行信息的基础上，结合国际国内政治经济发展态势以及人们生活方式的变化，针对目标市场需求科学地推出的。流行趋势发布不仅对于消费者有引导和指导作用，避免盲目消费花冤枉钱，而且对于生产者也能避免盲目生产造成产品积压；从整个国家和民族利益出发，为避免人力物力浪费、节约能源、降低成本、稳定物价，促进社会和谐稳定发展，流行的预测和流行趋势发布都显得非常重要！

雪莲是我国在这一领域的代表品牌之一，几年来持续组织专业团队进行这个领域的流行趋势预测和发布，为促进我国羊绒产业和自主品牌的发展，为羊绒产品的开发和提升，为引领时尚潮流和服务市场做了大量工作，取得了可喜成绩！希望进一步深入研究，加强推广力度，为建设纺织服装强国做出贡献！

清华大学美术学院原院长、中国服装设计师协会原主席

李当岐　2018年5月

目 录

流行趋势主题

Trends Theme

01

昼启·远丘

START FROM THE DAYLIGHT
TO THE DISTANT HILL

基调

出走沙漠，置身于广袤与荒芜之中，地平线的角度与太阳反射的光弧指引着
旅途的方向。

Keynote

Set out for the desert,in the vast and barren land,the angle of the horizon
and the light arc of the sun lead the journey.

17-1319TPX

13-1012TPX

13-0607TPX

13-1015TPX

14-4506TPX

18-0513TPX

14-4103TPX

12-0404TPX

色调：日光下绵延的沙漠带来温和的米咖驼色系，搭配苍穹般的灰蓝色与砂石水波反射出的微妙香槟金。

Color: The sinuous desert in the sun brings a series of mild color,matching with the gray and blue of the sky,and the subtle champagne gold reflected from the sand in the water.

廓形：简约大气，自由洒脱的大线条结构，追求自然效果的中长宽松裙装及裤装。

Silhouette: Simple and elegant,free and curve line structure,natural designed loose profile shape skirt and pantsuit.

设计点：渐变感，层次感，不对称效果，自然褶皱，曲线分割，近似色色块及肌理拼接，薄厚对比。

Design point: Gradient,layering,asymmetric effect,natural folds,curve segmentation,approximate color blocks and texture splicing,thickness comparison.

材质：主要采用纯绒及绒毛混纺纱线，以打造该系列自然柔软的质地感受，并搭配滑爽的透明丝、金银丝及花式纱为该系列增添微妙的光泽感。

Material: Mainly using pure cashmere and fluffy blended yarn,to create the natural soft texture feeling of this collection,matching with the smooth transparent yarn,gold and silver yarn and mixted yarn to add a subtle sense of gloss.

组织肌理：曲线移针摇床组织，光泽感精致线条肌理，波形鼓包及集圈组织形成的自然起伏表面。

Texture: Curve shift needle texture,glossy exquisite lines,wavelike plump and looped pile texture brings a natural undulating surface.

03181901ZQ01 – ZP
（北京雪莲羊绒有限公司）
2/26nm
70%羊毛　30%羊绒
2/36nm
70%羊毛　30%羊绒
2/28nm
70%羊毛　30%羊绒

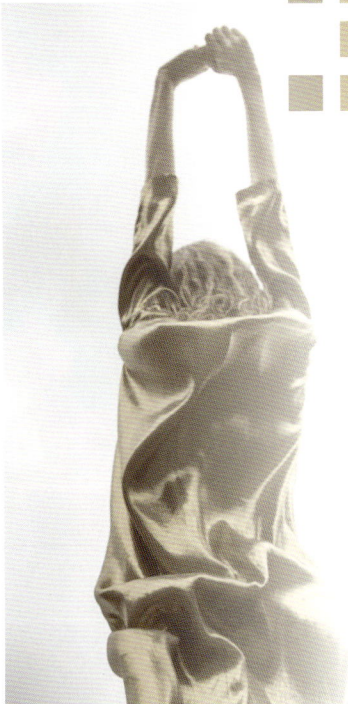

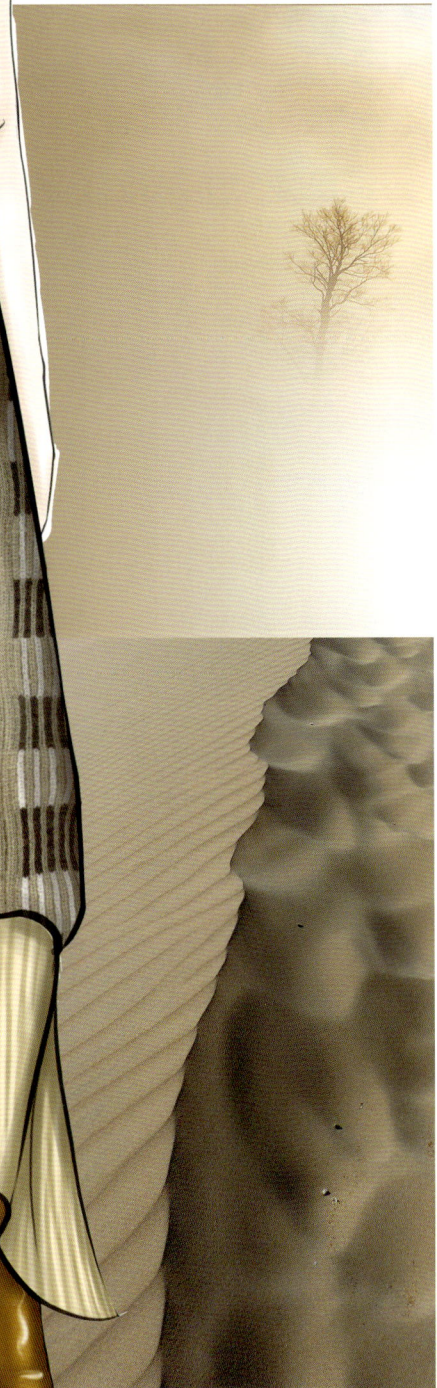

03181901ZQ02 – ZP

（北京雪莲羊绒有限公司）

2/25nm

100%羊绒

（江苏鹿港文化股份有限公司）

nm.2/60000

100% 黏胶纤维

银之川金银丝

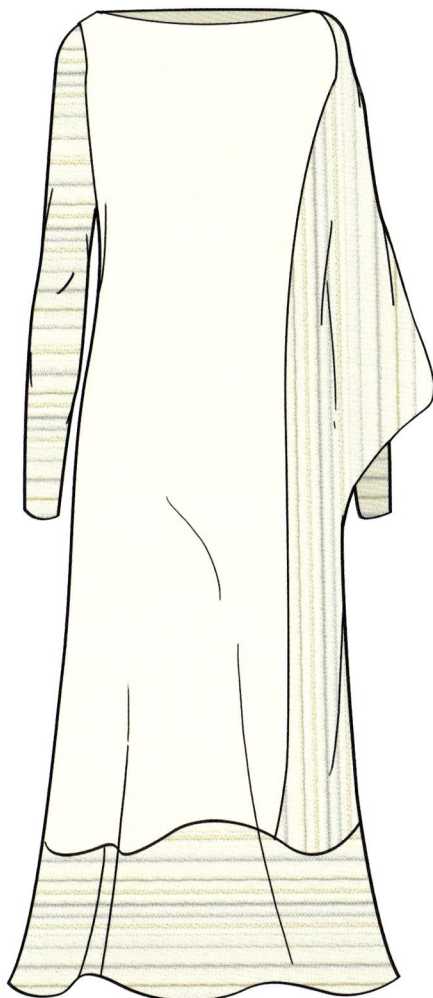

03181901ZQ03 - ZP

（北京雪莲羊绒有限公司）

2/26nm

70%羊毛　30%羊绒

03181901ZQ04 - ZP

（北京雪莲羊绒有限公司）

2/25nm

100%羊绒

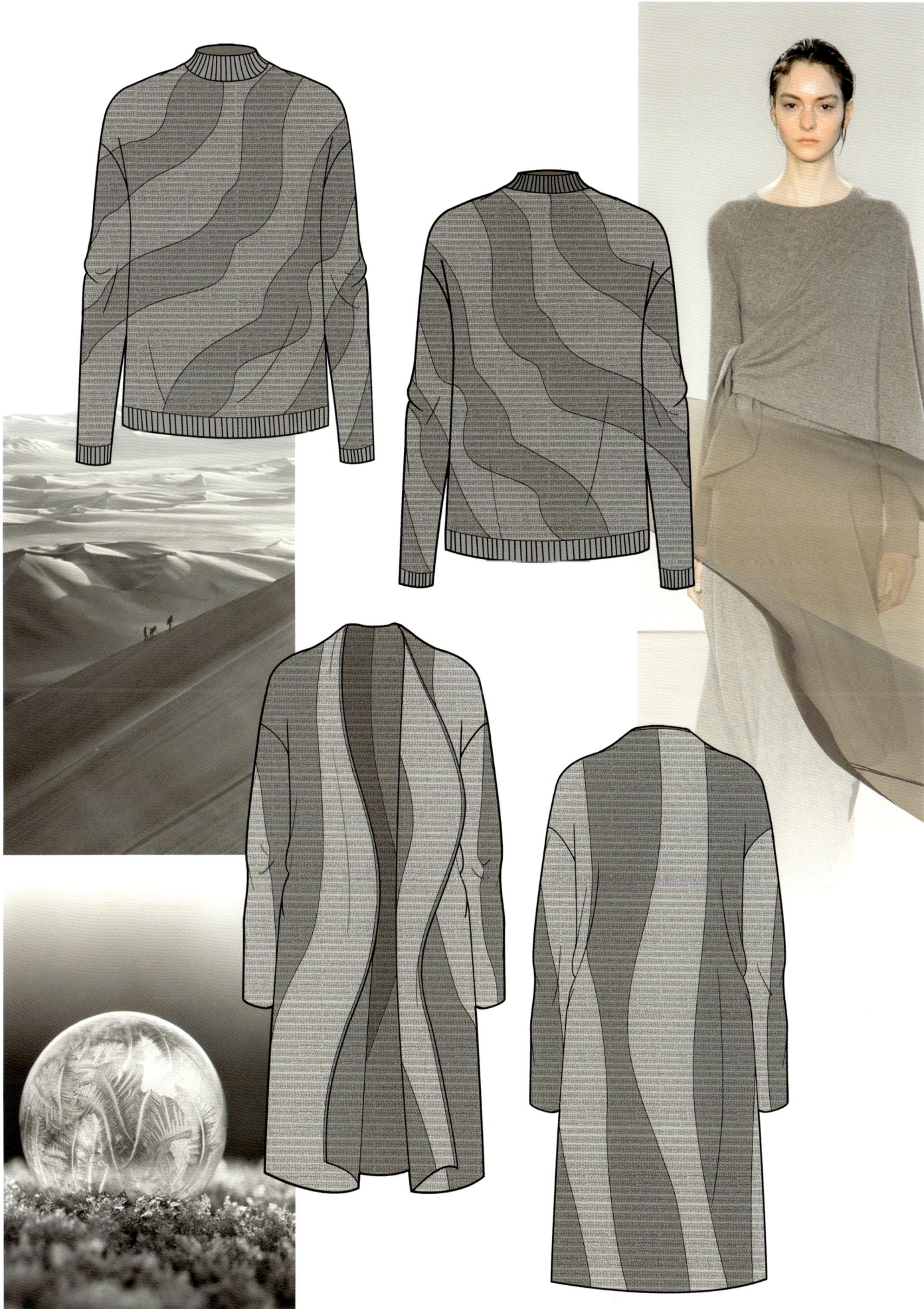

03181901ZQ05 – ZP
（北京雪莲羊绒有限公司）
2/25nm
100%羊绒

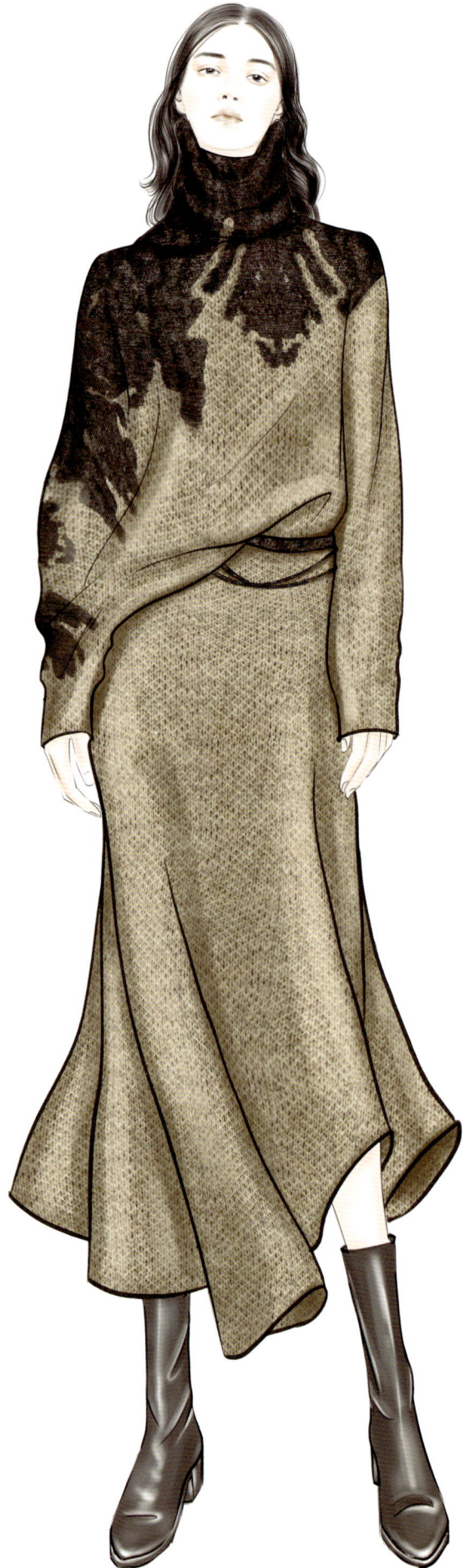

03181901ZQ06 - ZP
（北京雪莲羊绒有限公司）
2/25nm
100%羊绒

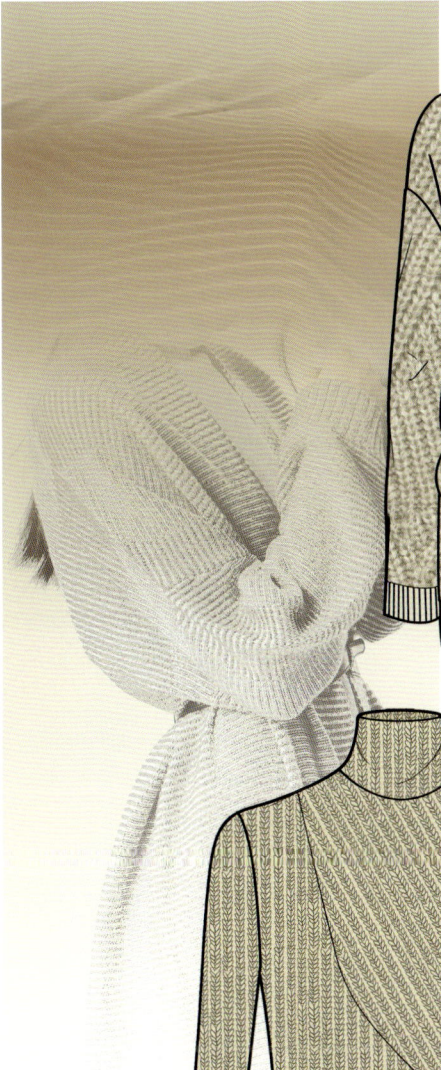
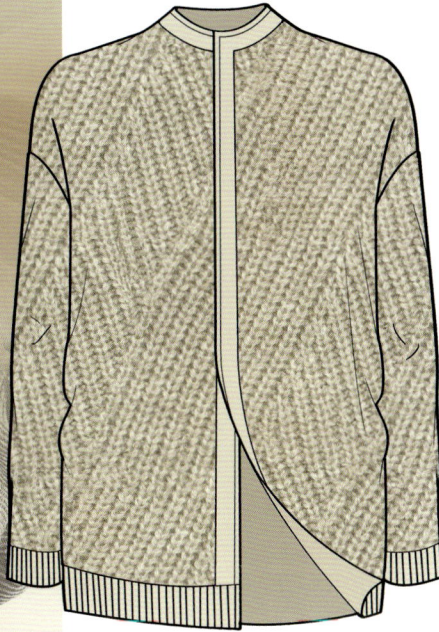
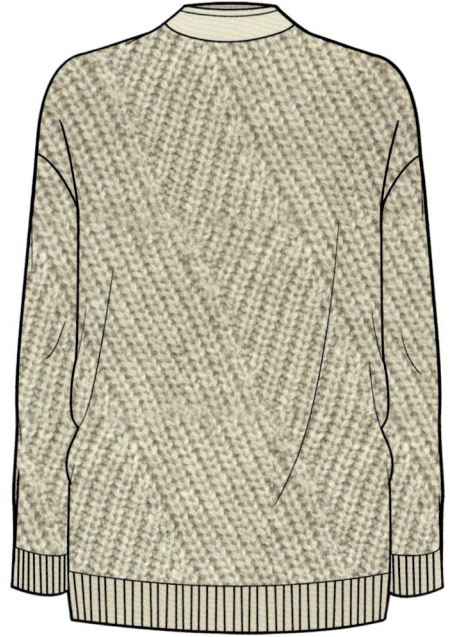
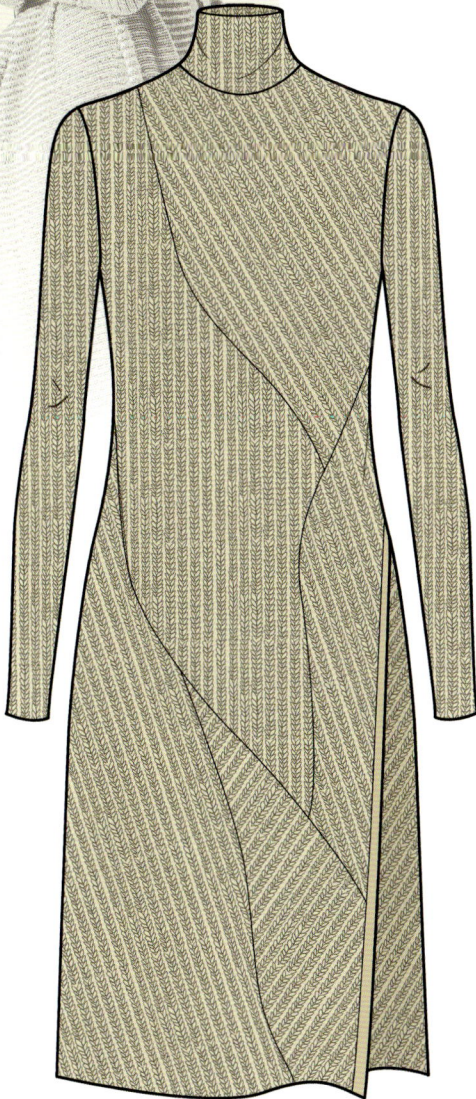

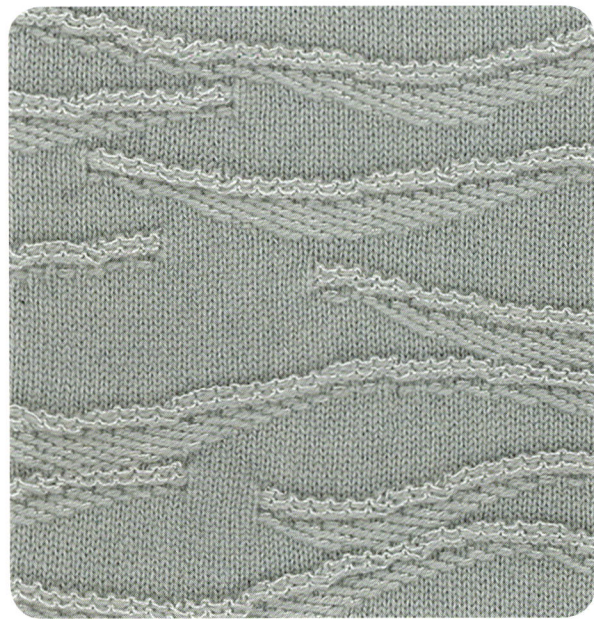

03181901ZQ07 – ZP
（北京雪莲羊绒有限公司）
2/26nm
100%羊绒
银之川金银丝

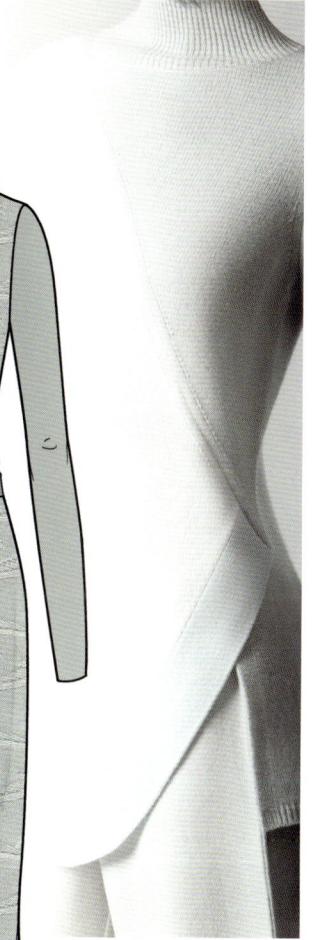
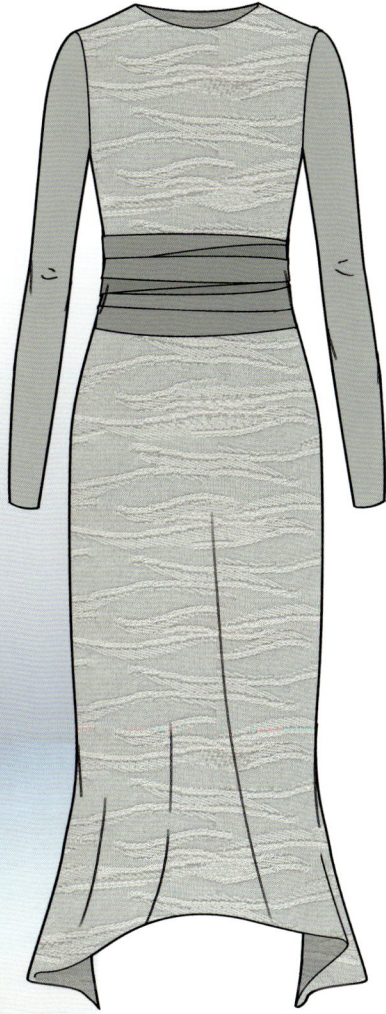

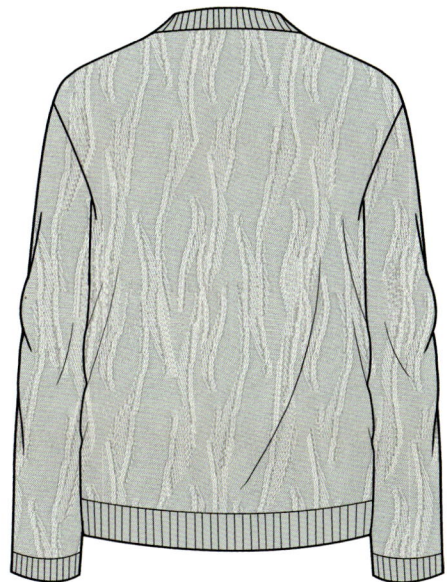

03181901ZQ08 - ZP
（北京雪莲羊绒有限公司）
2/25nm
100%羊绒

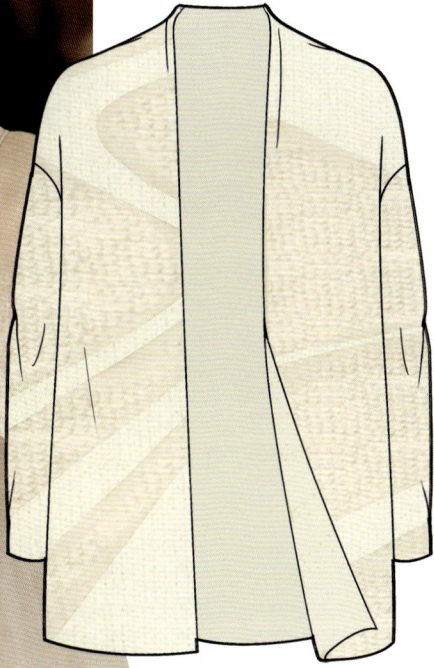

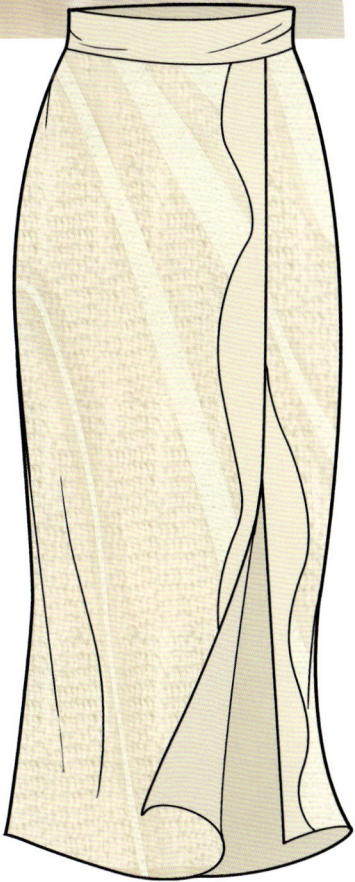
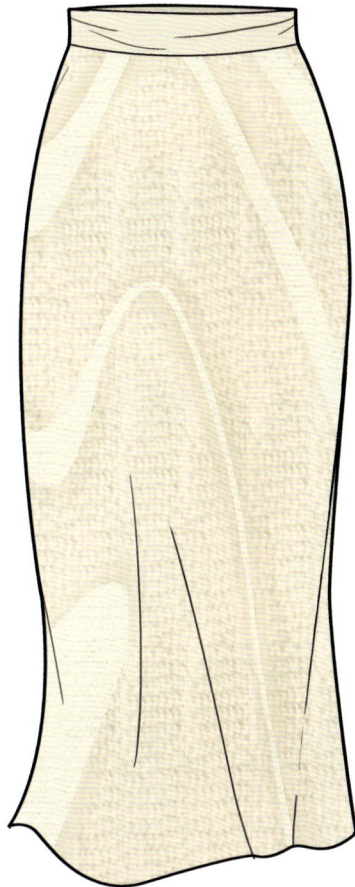

03181901ZQ09 – ZP

（北京雪莲羊绒有限公司）

2/25nm

100%羊绒

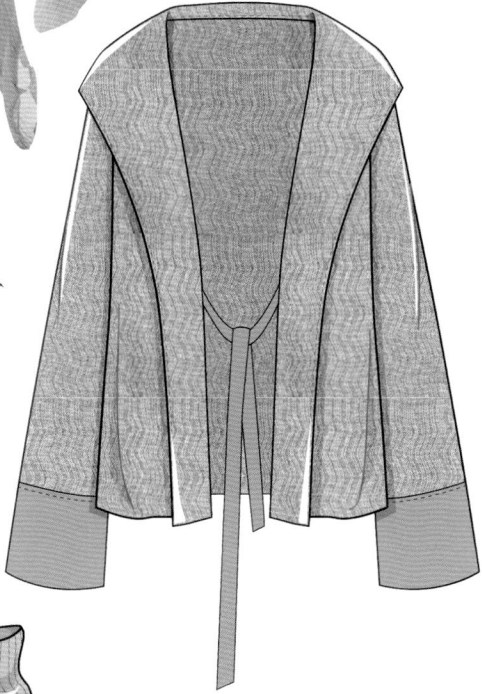
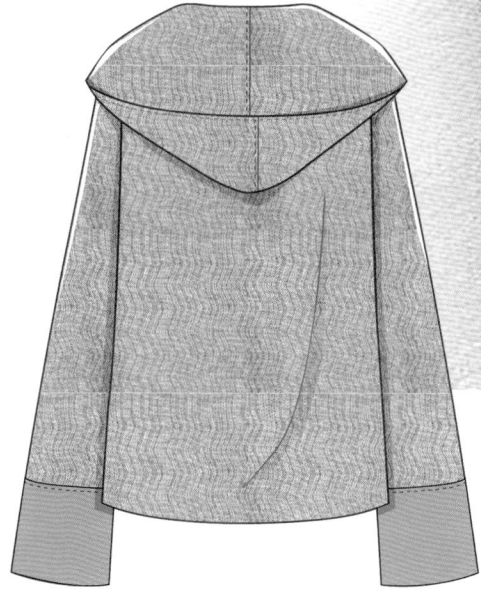
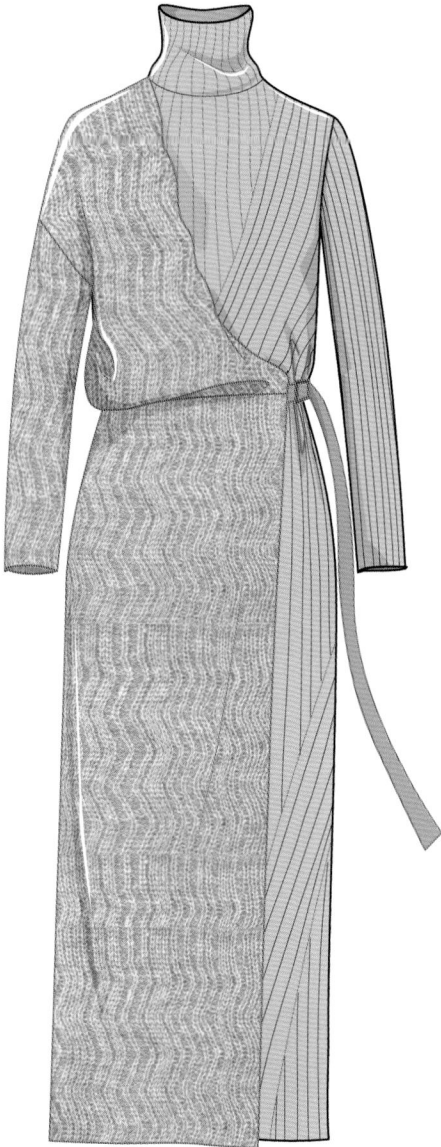

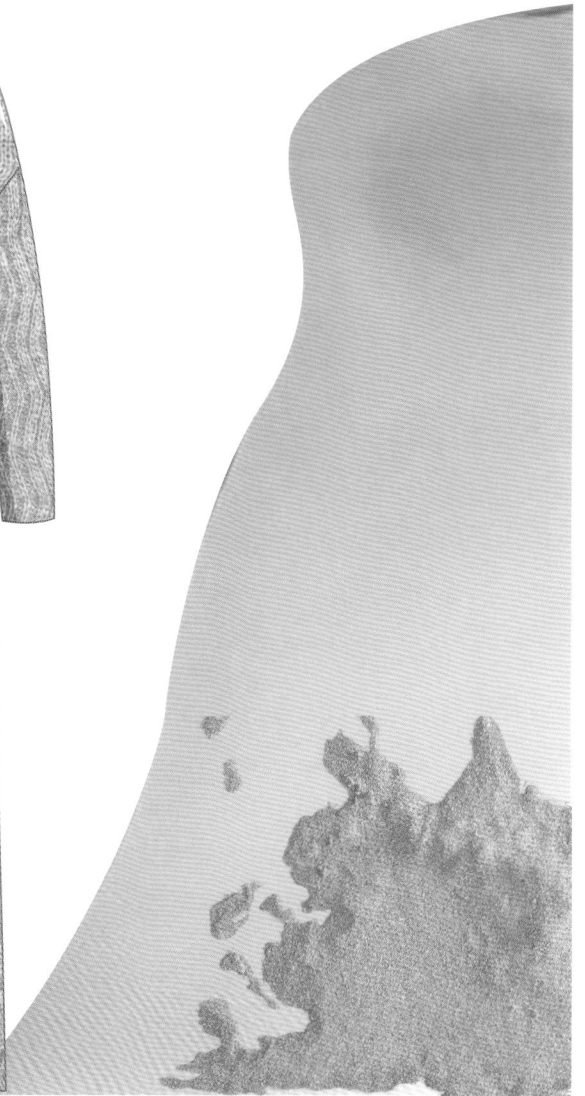

03181901ZQ10 – ZP
（北京雪莲羊绒有限公司）
2/28nm
70%羊毛　30%羊绒
银之川金银丝

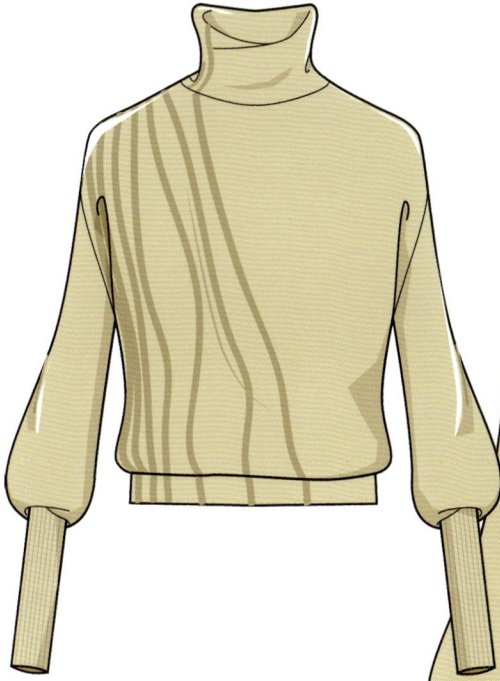

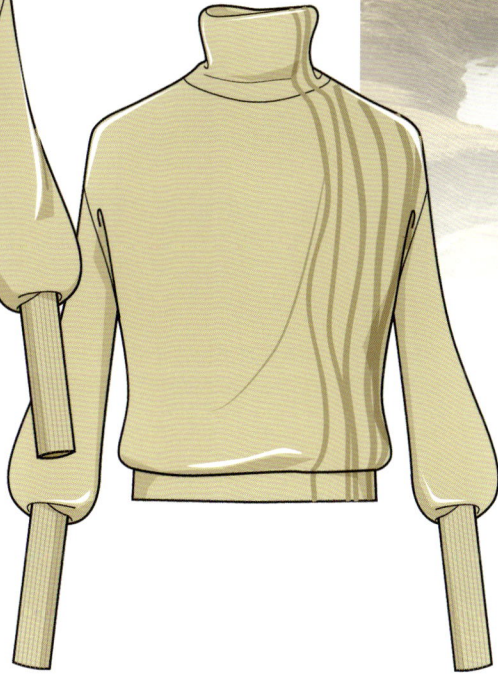

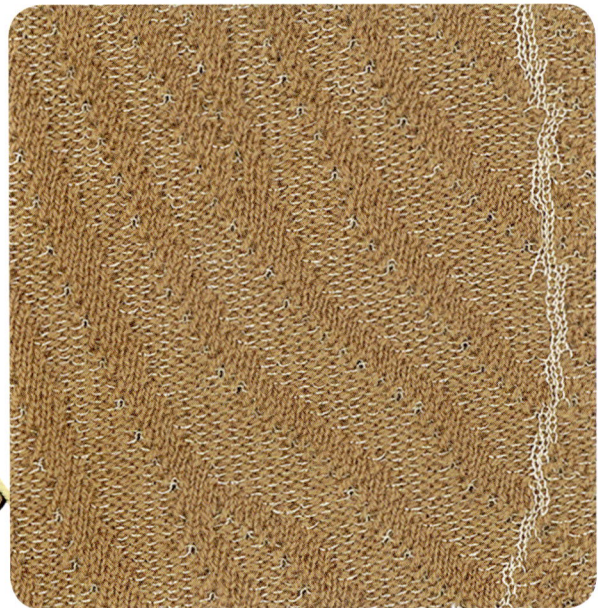

03181901ZQ11 - ZP
（北京雪莲羊绒有限公司）
2/25nm
100%羊绒

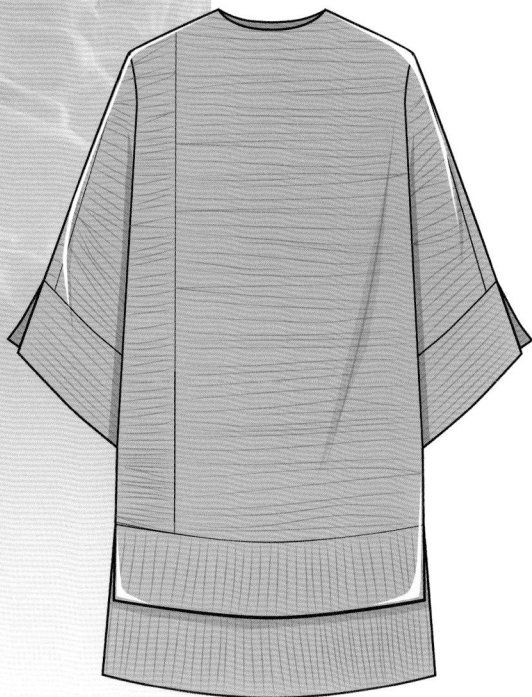
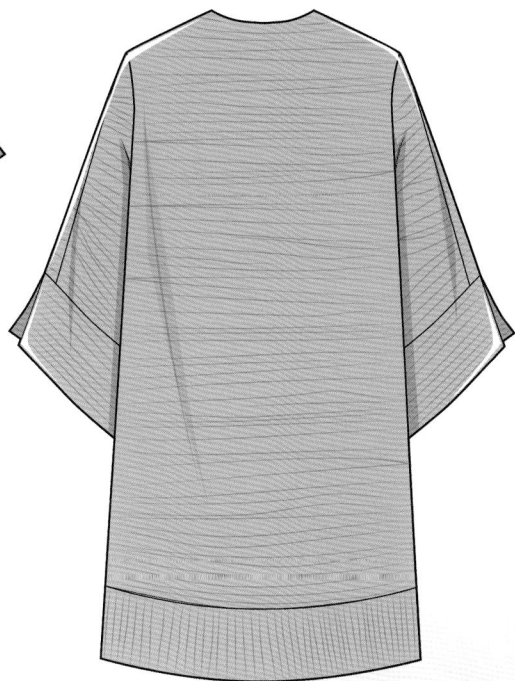
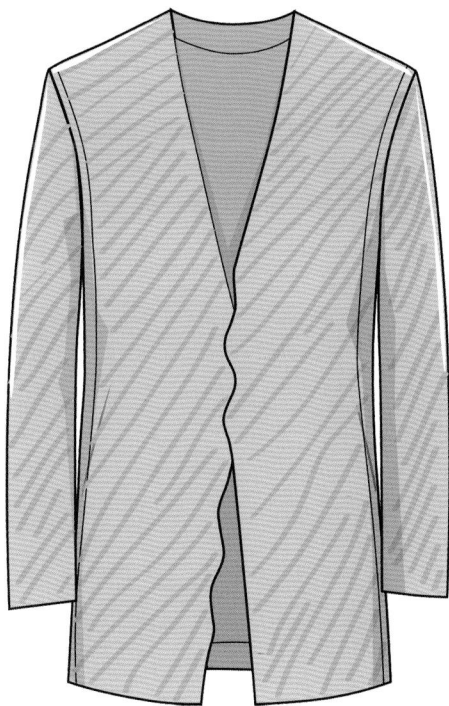
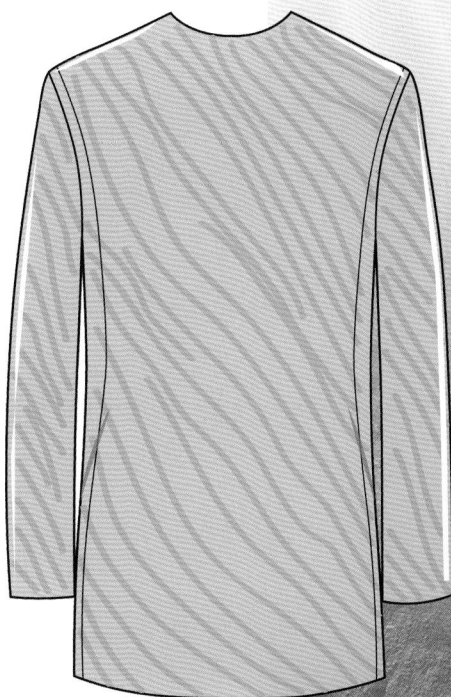

03181901ZQ12 – ZP
（北京雪莲羊绒有限公司）
2/28nm
100%羊绒
银之川金银丝

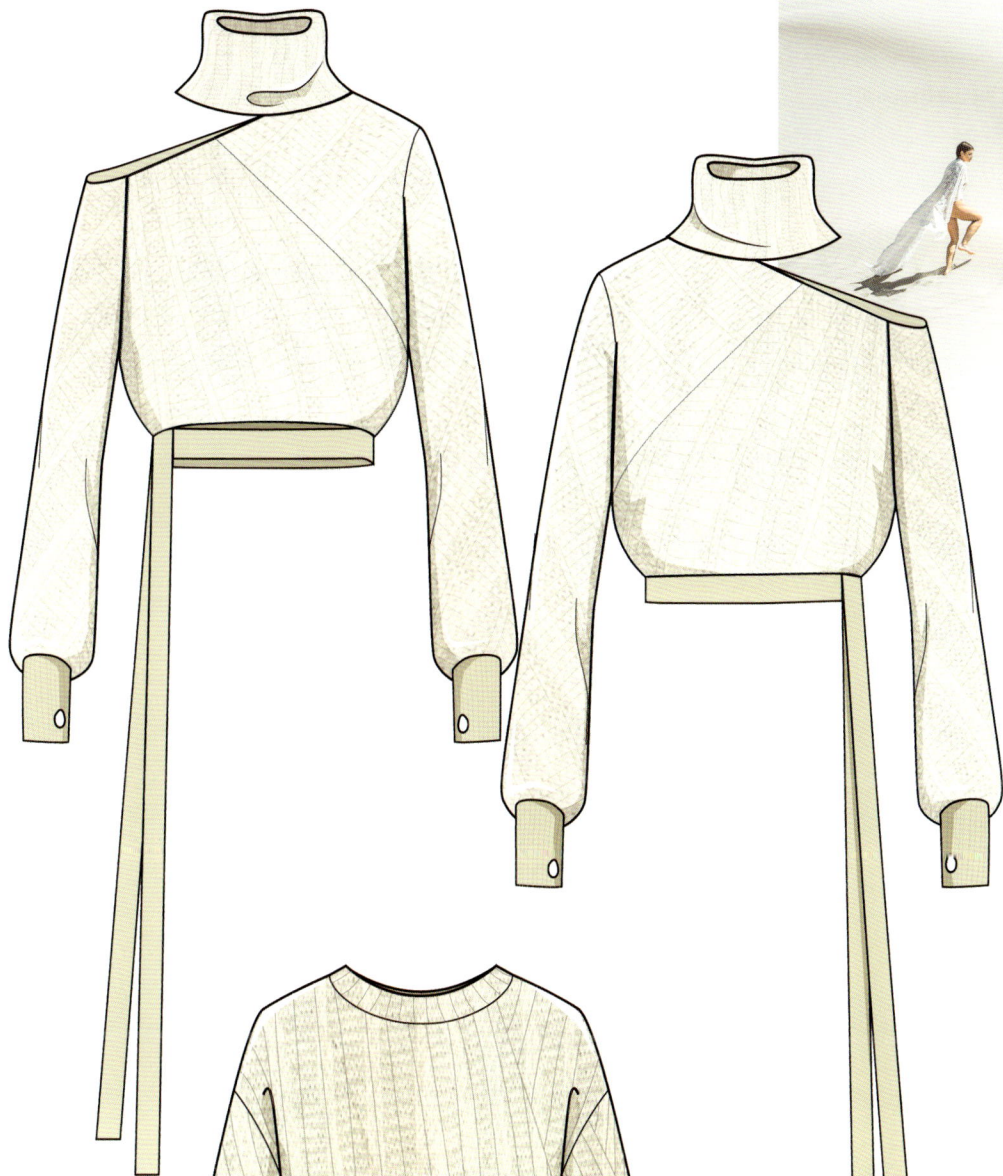

昼启·远丘

START FROM THE DAYLIGHT
TO THE DISTANT HILL

◇◇◇◇◇◇◇◇◇◇

款式样衣

STYLE SAMPLE

出走沙漠，置身于广袤与荒芜之中，地平线的角度与太阳反射的光弧指引着旅途的方向。

Set out for the desert,in the vast and barren land,the angle of the horizon and the light arc of the sun lead the journey.

02

奇遇·绿洲

HAPPY ENCOUNTER
INTO THE WONDERLAND

基调

柳暗花明，忽遇生机与色彩，犹如在沙漠中发现绿洲的惊奇与欣喜，旅行的精彩尽在此刻。

Keynote

Dark to light,suddenly encounter vitality and color,as if the surprise and joy when you find oasis in the desert ,which is the most wonderful moment of traveling.

19-4726TPX

16-5112TPX

18-4029TPX

18-3963TPX

19-2047TPX

15-2217TPX

15-1318TPX

14-4002TPX

色调：粉刷质感的粉紫色与植物活力的蓝绿色动静相宜，在灰调的平衡中呈现高级的色彩质感。

Color: Powdery purple and pink matching with plant green and blue,sporty and elegant at the same time,presents a high-class color texture in the balance of gray tone .

廓形：融入运动元素的高级成衣，强调结构感的直线条廓形中短裙及裤装分体装。

Silhouette: Adding sport elements,emphasizing the straight line structure,mainly contained midi skirt and pant separates.

设计点：渐变感，层次感，不对称效果，自然褶皱，曲线分割，近似色色块及肌理拼接，薄厚对比。

Design point: Gradient,layering,asymmetric effect,natural folds,curve segmentation, approximate color blocks and texture splicing, thin thickness contrast.

材质：采用纯绒、绒毛混纺及复合纤维纱线打造出该系列颇具高级运动风格、简洁而平整的块面组织。

Material: Using pure cashmere,fluffy blended and composite fiber yarn to create a quite advanced sports style,simple and smooth block surface of this collection.

组织肌理：凸条及正反针组织带来的立体线条肌理，多组织拼接效果，色块嵌花，双面效果，镂空网眼以及阔叶植物图案提花。

Texture: Embossment texture brings the three-dimensional surface,multi-tissue stitching effect,color block inlay,double-sided effect,hollow mesh and broadleaf plant pattern jacquard.

03181902QY01－ZP
（北京雪莲羊绒有限公司）
2/36nm
70%羊毛　30%羊绒

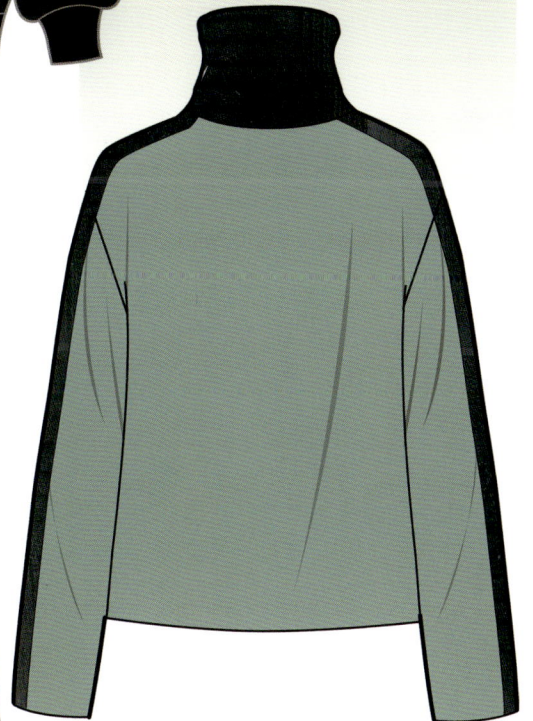

03181902QY02 - ZP
（北京雪莲羊绒有限公司）
2/26nm
100%羊绒
（浙江新澳纺织股份有限公司）
2/48nm
90%超细美利奴羊毛　10%羊绒

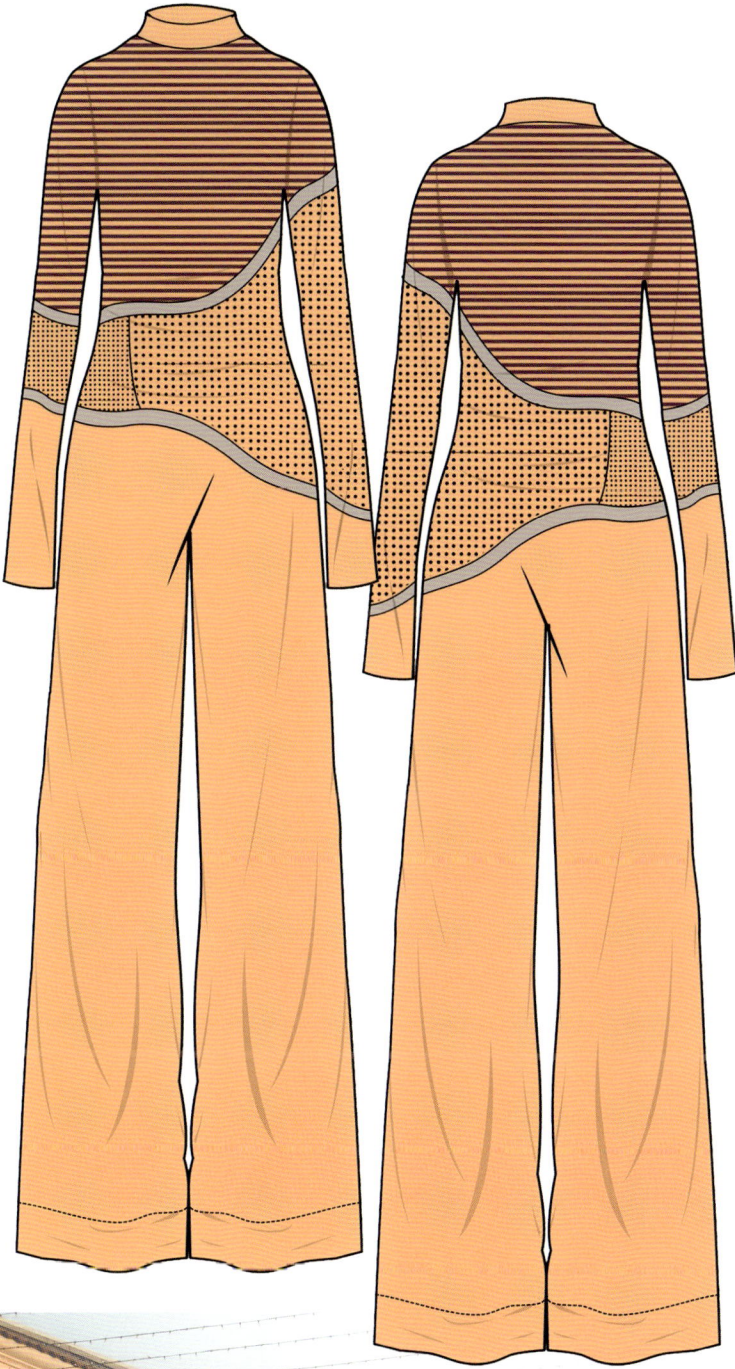

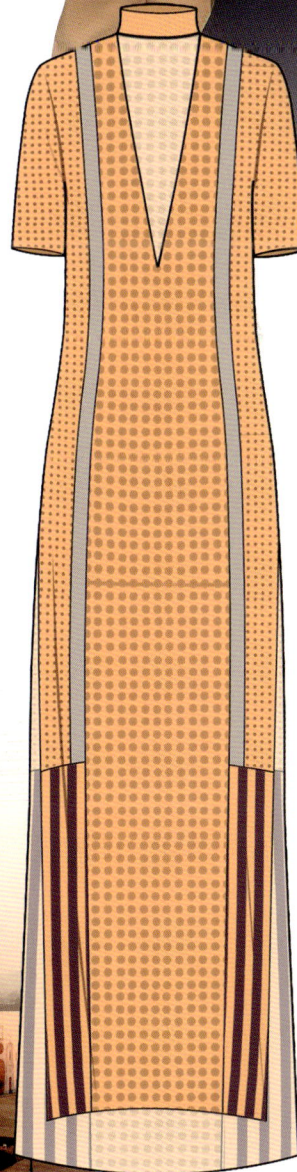
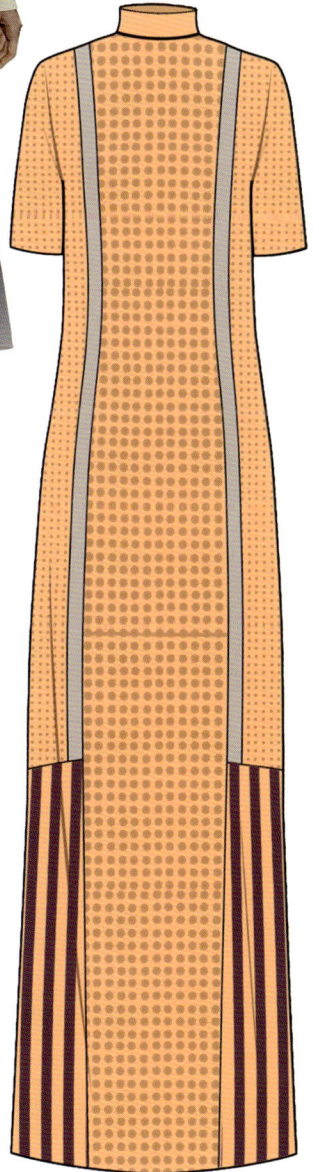

03181902QY03 – ZP
（北京雪莲羊绒有限公司）
2/25nm
100%羊绒
2/26nm
100%羊绒

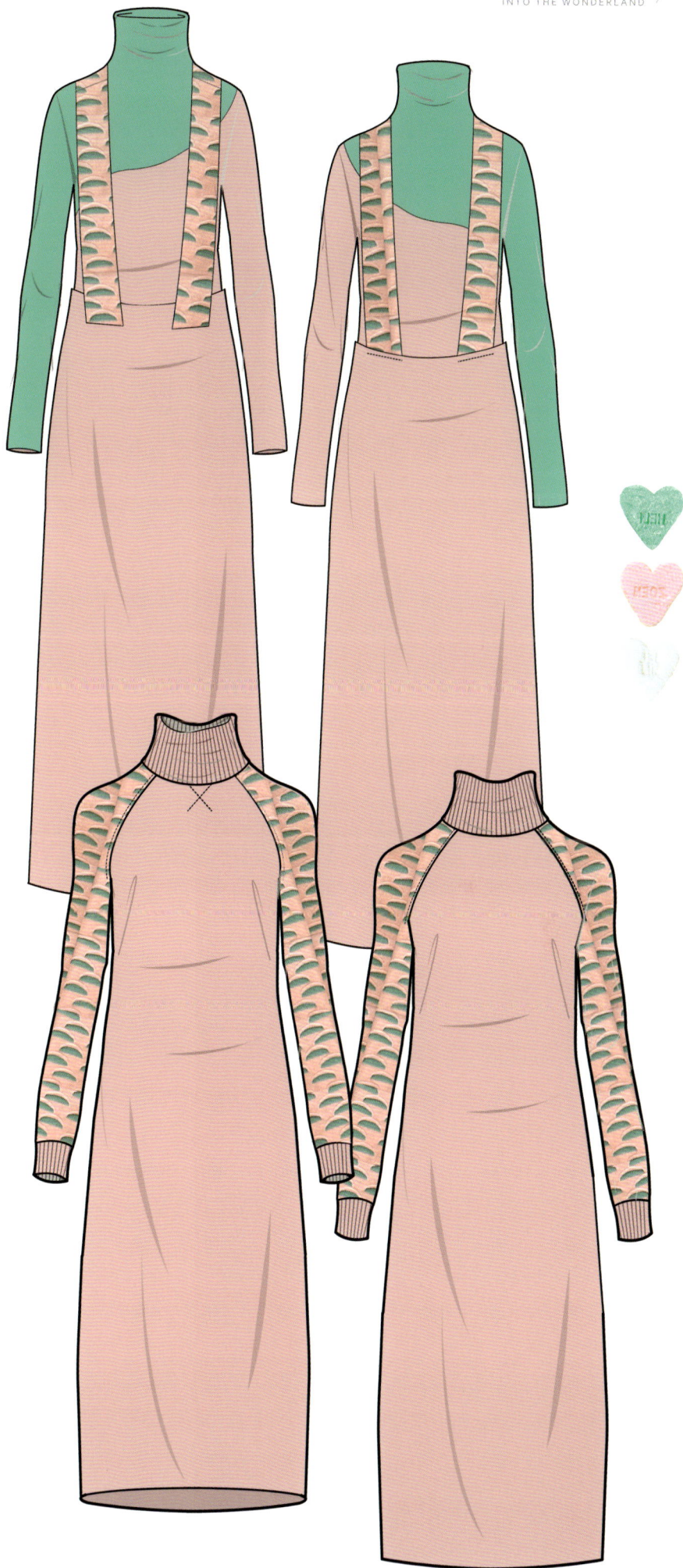

03181902QY04 - ZP
（北京雪莲羊绒有限公司）
2/36nm
70%羊毛　30%羊绒
（恒天宝丽丝生物基纤维股份有限公司）
1/30nm
天蚕丝

03181902QY05 - ZP

（北京雪莲羊绒有限公司）

2/25nm

100%羊绒

（恒天宝丽丝生物基纤维股份有限公司）

1/30nm

天蚕丝

03181902QY06 – ZP

（北京雪莲羊绒有限公司）

2/26nm

100%羊绒

（浙江新澳纺织股份有限公司）

90%超细美利奴羊毛

10%羊绒

（恒天宝丽丝生物基纤维股份有限公司）

1/30nm

天蚕丝

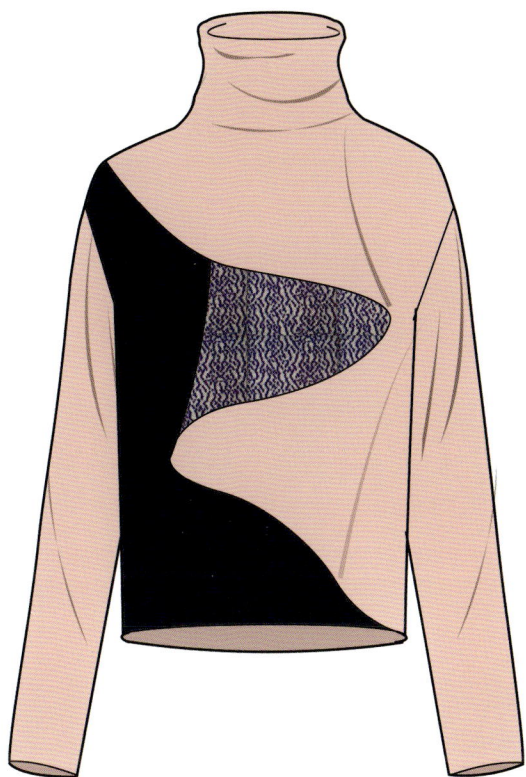
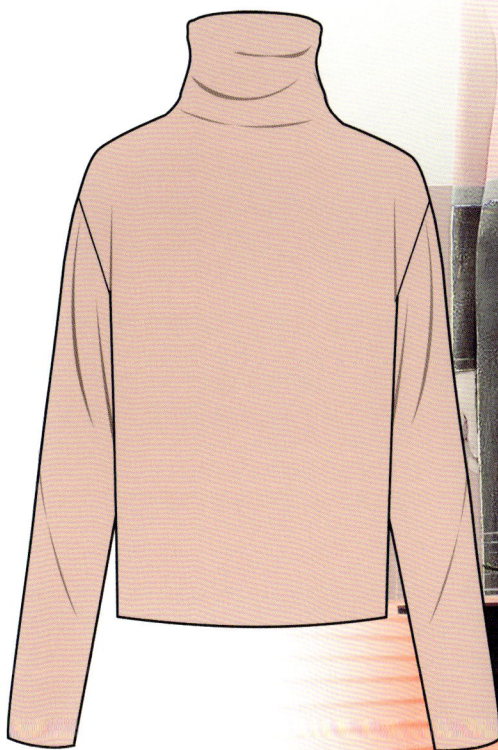

03181902QY07 - ZP

（北京雪莲羊绒有限公司）

2/26nm

100%羊绒

（恒天宝丽丝生物基纤维股份有限公司）

1/30nm

天蚕丝

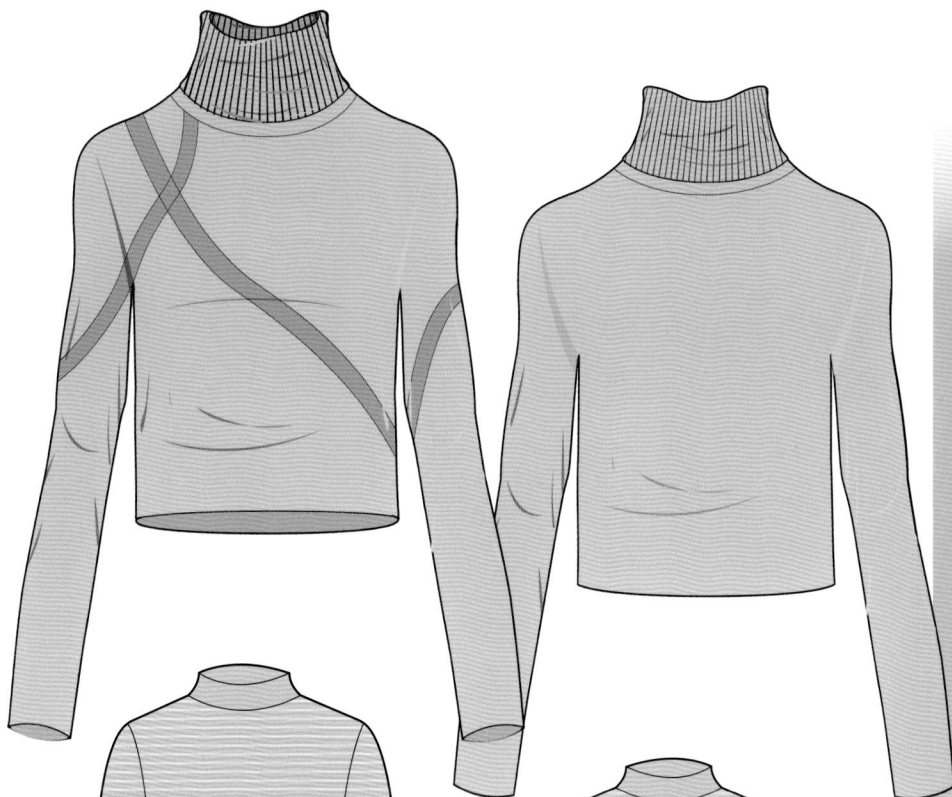
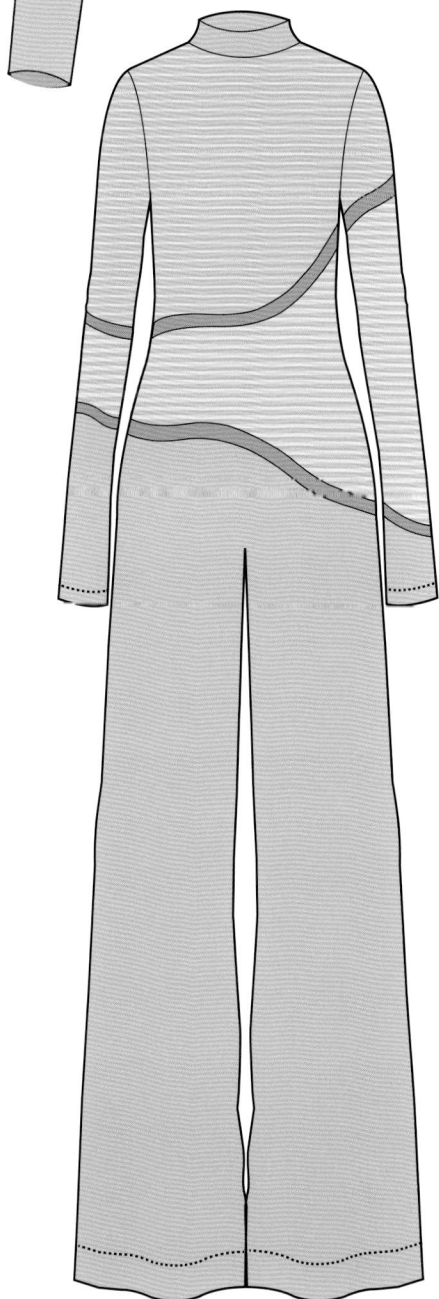
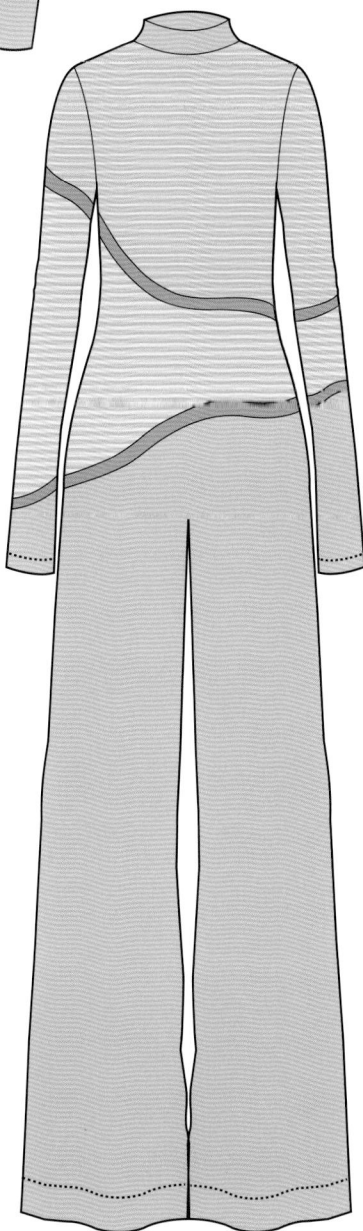

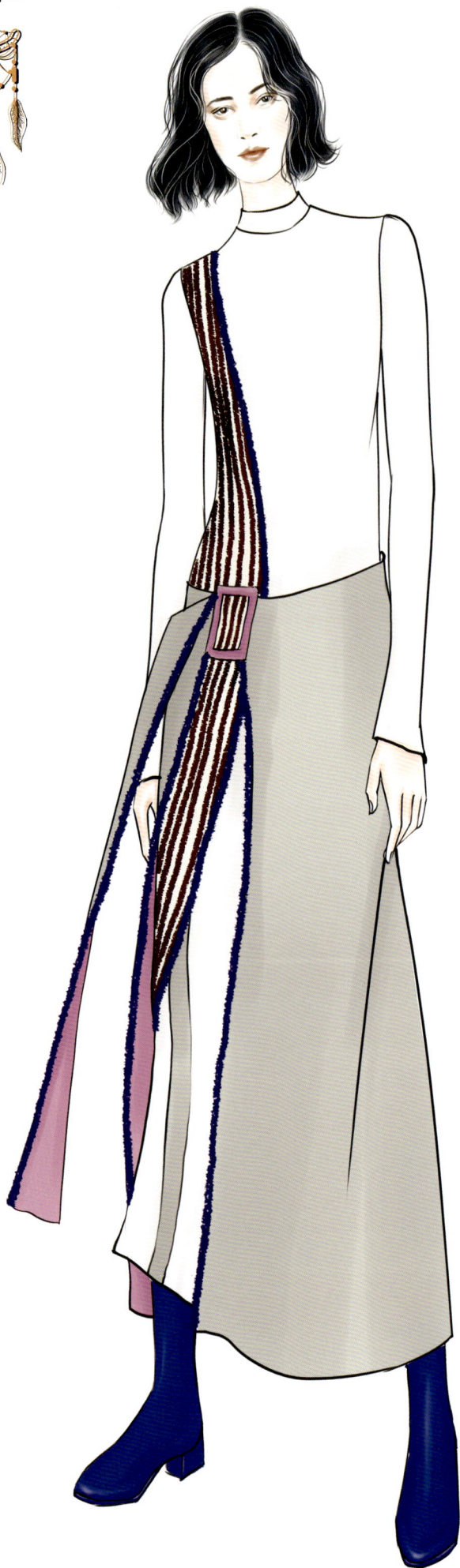

03181902QY08 - ZP
（北京雪莲羊绒有限公司）
2/25nm
100%羊绒
（恒天宝丽丝生物基纤维股份有限公司）
1/30nm
天蚕丝

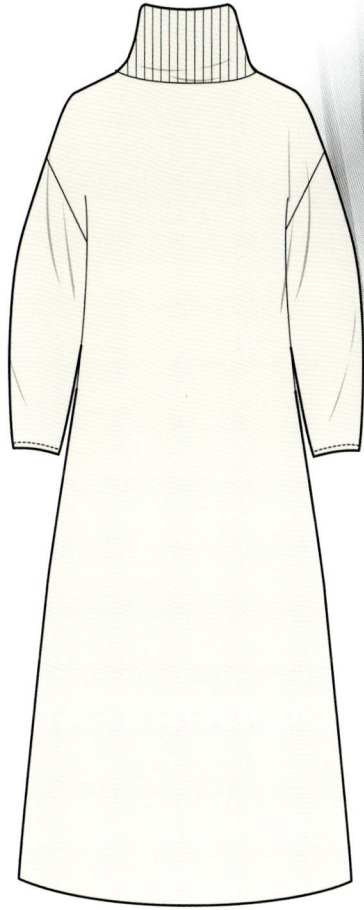

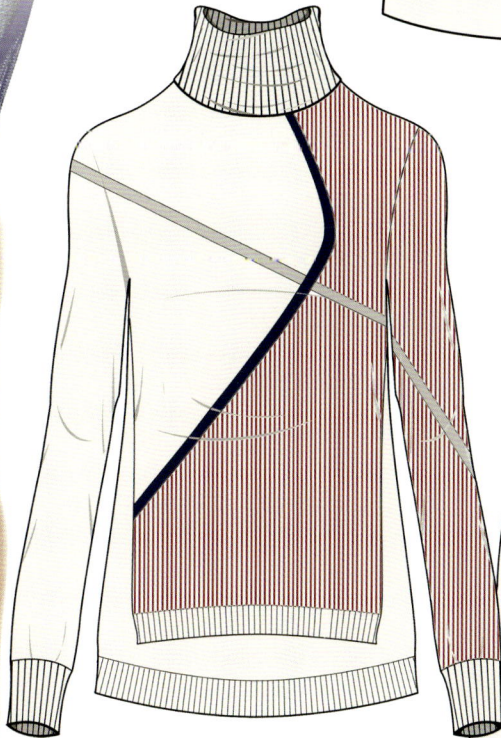

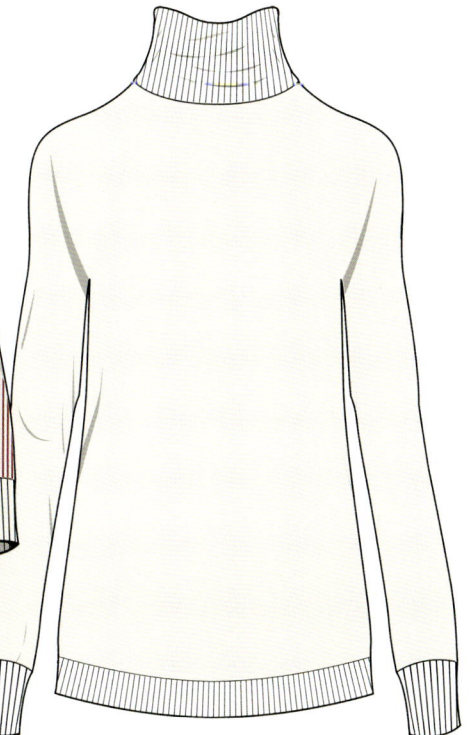

03181902QY09 – ZP
（北京雪莲羊绒有限公司）
2/26nm
100%羊绒
（恒天宝丽丝生物基纤维股份有限公司）
1/30nm
天蚕丝

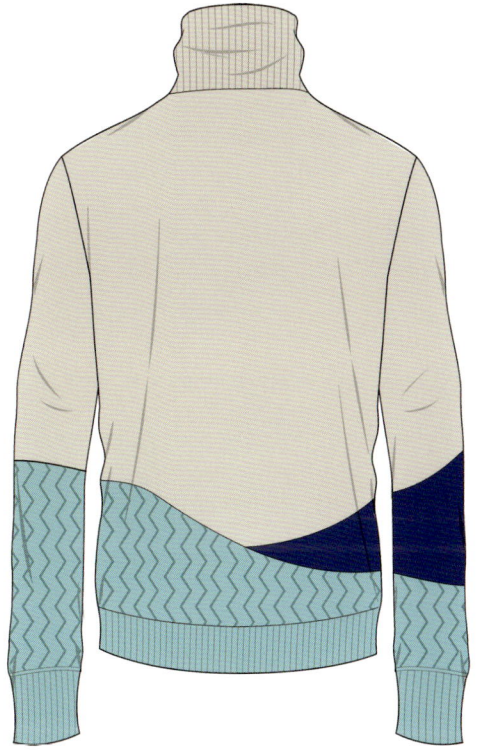

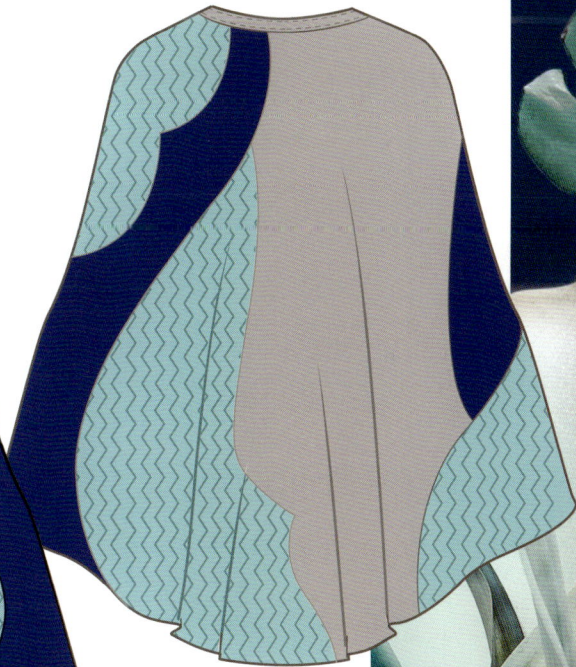

03181902QY10 – ZP
（北京雪莲羊绒有限公司）
2/25nm
100%羊绒

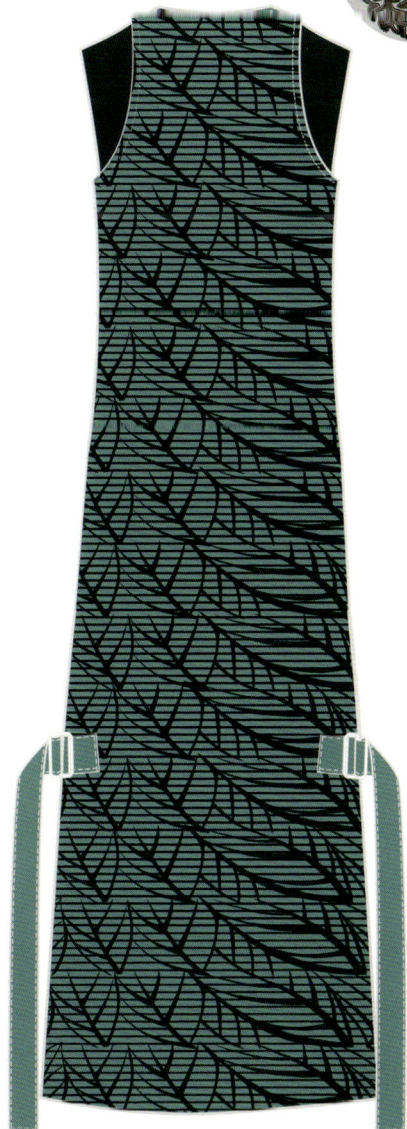

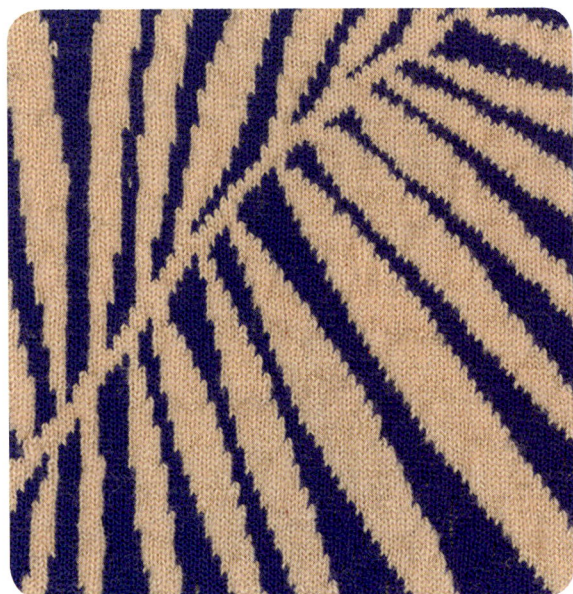

03181902QY11 - ZP

（北京雪莲羊绒有限公司）

2/26nm

100%羊绒

（恒天宝丽丝生物基纤维股份有限公司）

1/30nm

天蚕丝

03181902QY12 - ZP

（北京雪莲羊绒有限公司）

2/25nm

100%羊绒

（浙江新澳纺织股份有限公司）

2/48nm

90%超细美利奴羊毛　10%羊绒

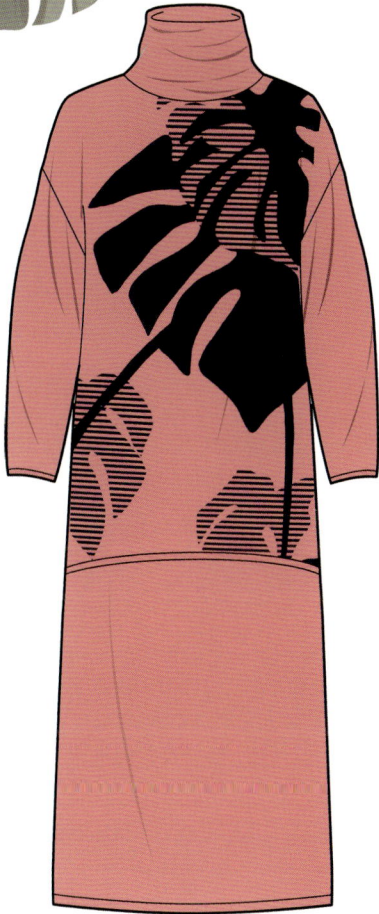

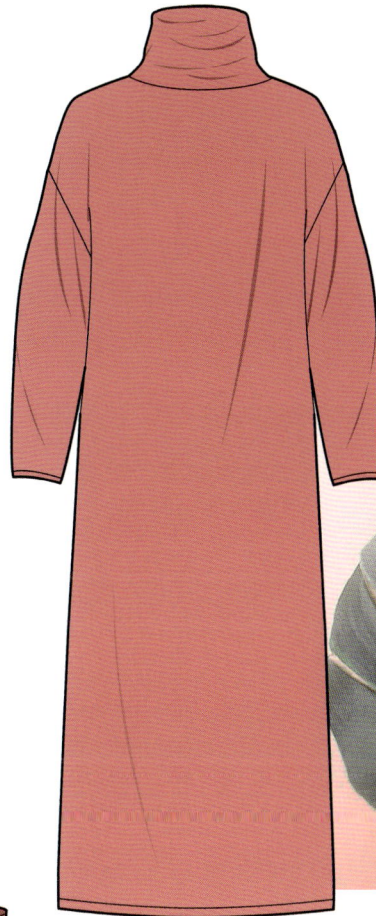

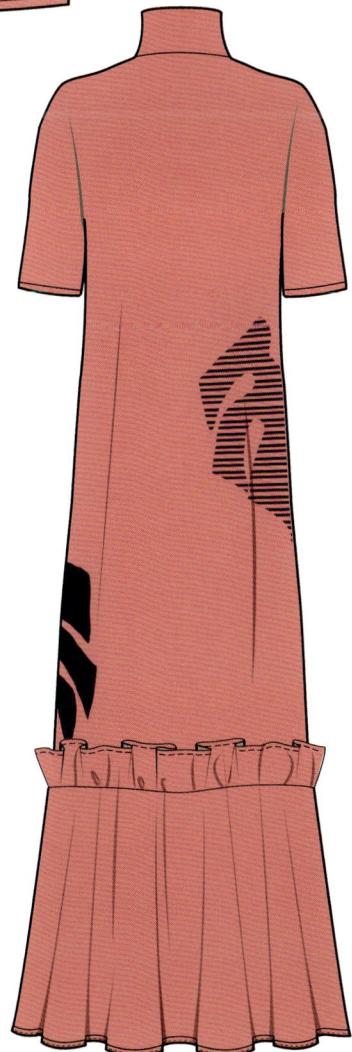

奇遇·绿洲

◇◇◇◇◇◇◇◇◇◇◇◇

款式样衣

STYLE SAMPLE

柳暗花明，忽遇生机与色彩，犹如在
沙漠中发现绿洲的惊奇与欣喜，旅行
的精彩尽在此刻。

Dark to light,suddenly encounter vital-
ity and color,as if the surprise and joy
when you find oasis in the desert ,which
is the most wonderful moment of trav-
eling.

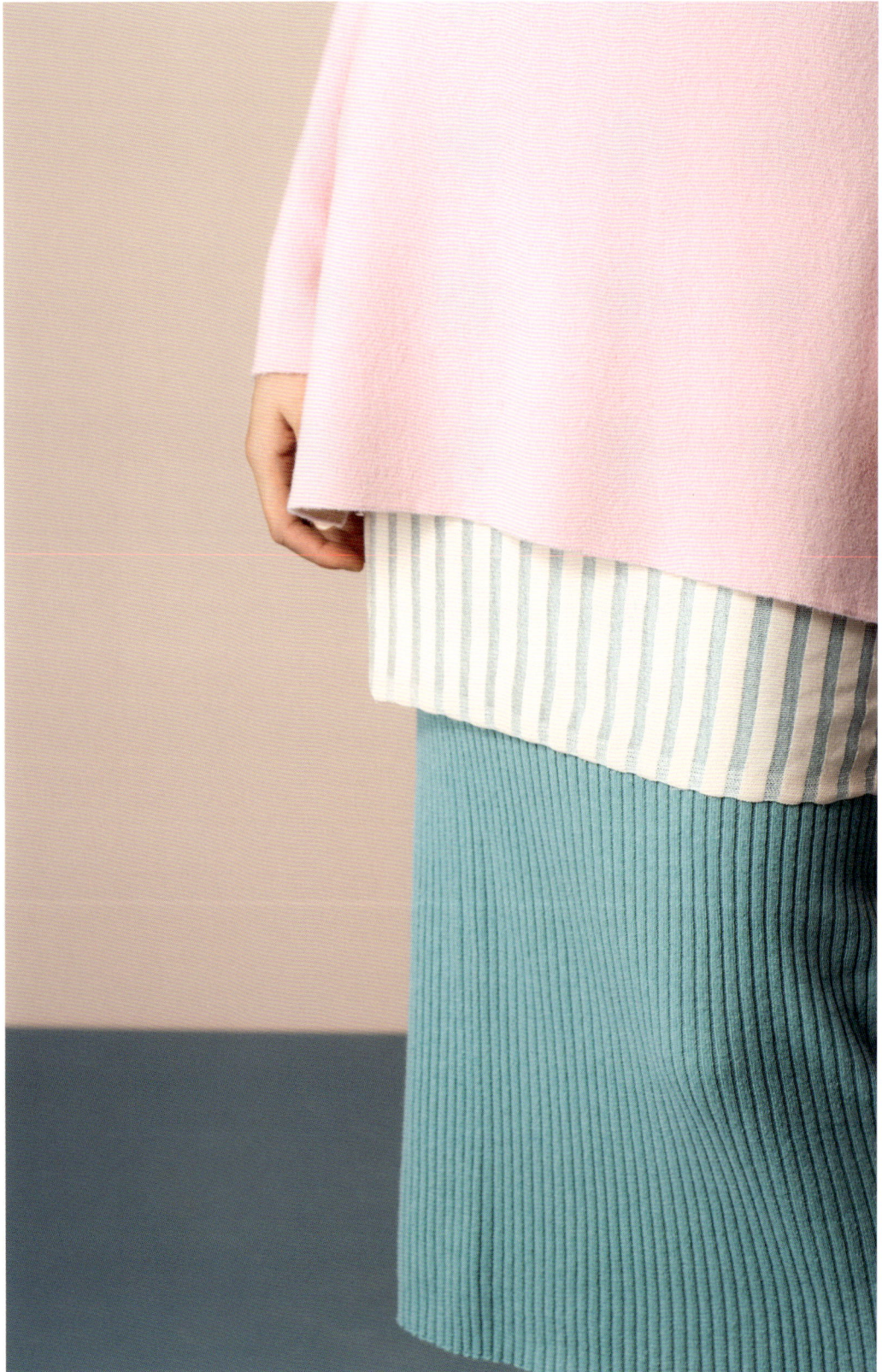

03

流年 · 纪事

FLEETING TIME

THE CHRONICLE

基调

关于旅行的回忆记录在笔触与纸卷的末呢之中，深刻于瓦罐与首饰的缝隙。
面朝大海，感悟一路的经历与收获。

Keynote

The memories of travel are recorded in the intimateness of the pen strokes
and the paper,deep in the gap between the jar and the jewels. Facing the
sea,embracing the experience and harvest all the way.

19-1235TPX

18-1033TPX

19-4023TPX

19-5212TPX

16-5807TPX

16-0737TPX

17-1040TPX

15-1217TPX

色调： 斑驳的墙面、褪色的金属，棕黄色、红褐色与深邃的蓝绿色呈现出浓郁而复古的油画色泽。

Color： Mottled walls,faded metal,brown, reddish-brown and deep blue-green presented a series of rich and retro oil color.

廓形： 复古和摩登，干练又充盈女性韵味，以修身的中长曲线廓形连衣裙及套装为主。

Silhouette： Vintage and modern,capable and filling the charm of women,mainly contained slender medium-length curve profile dresses and suits.

设计点： 修身线条，高腰线，组织拼接，抽象画等绘画图案，自然表面形态。

Design point： Slim lines,high waist lines,tissue splicing,abstract paintings and other painting patterns,natural surface form.

材质： 以纯绒、绒毛混纺及纯毛的纯色和杂色纱线为主，搭配多样的花式纱及金属感金银丝和粗挂线，打造该系列丰富的质地感受和怀旧韵味。

Material： Using pure cashmere,fluffy blended and pure wool pure color variegated yarn-based,matching with a variety of mixted yarn and metal sense of gold and silver yarn and thick hanging yarn,to create a series of rich texture and the nostalgic charm.

组织肌理： 抽象图案的多种提花，仿梭织，组织拼接效果，以及立体效果突出的空气层、翻片等组织与烫金、剪毛、车缝等后整理工艺相结合，形成丰富的表面肌理。

Texture： A variety of jacquard of abstract patterns,imitation woven texture,tissue splicing effect,plump flip and other three-dimensional structure combined with bronzing,shearing,sewing and other after the whole process to form a rich surface texture.

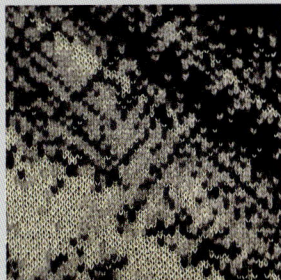

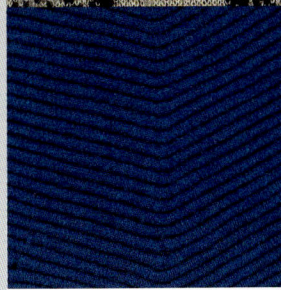

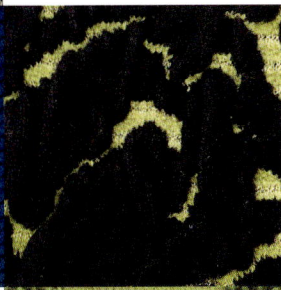

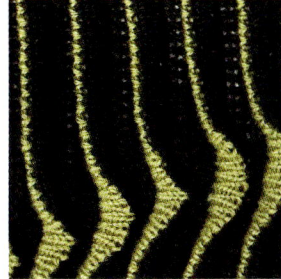

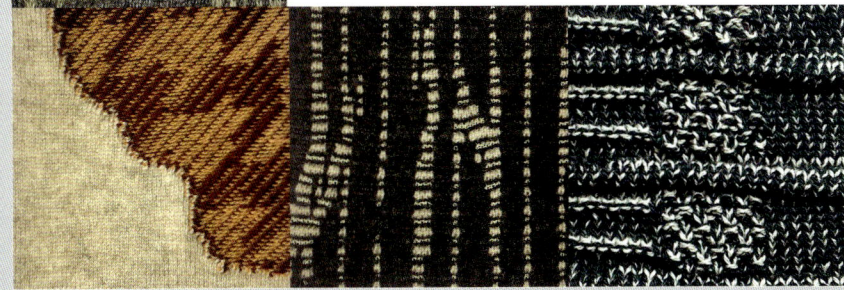

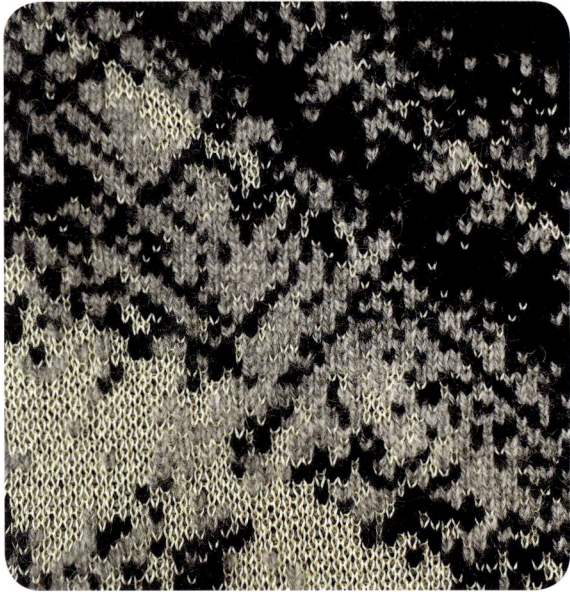

03181903LN01 – ZP
（北京雪莲羊绒有限公司）
2/25nm
100%羊绒
银之川金银丝

03181903LN02 – ZP
（北京雪莲羊绒有限公司）
2/25nm
100%羊绒
银之川金银丝

03181903LN03 - ZP

（北京雪莲羊绒有限公司）

2/25nm

100%羊绒

（江苏鹿港文化股份有限公司）

nm.12500

32%马海毛　32%美利奴羊毛

33%聚酰胺纤维　3%弹性纤维

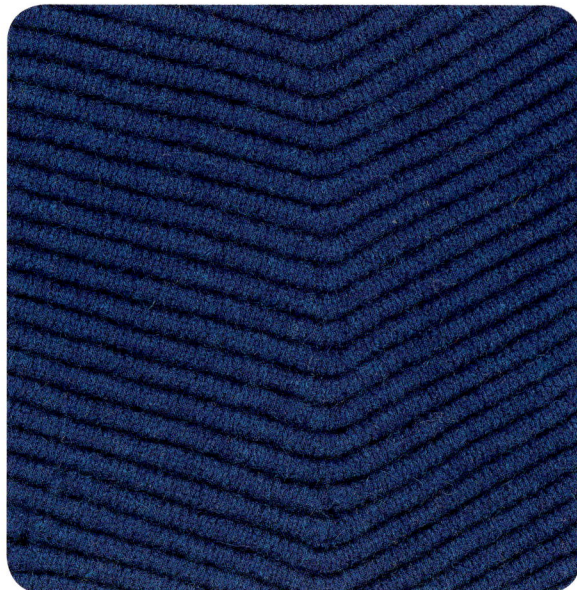

03181903LN04 – ZP
（北京雪莲羊绒有限公司）
2/26nm
100%羊绒

03181903LN05－ZP

（北京雪莲羊绒有限公司）

2/25nm

100%羊绒

2/26nm

100%羊绒

2/36nm

70%羊毛　30%羊绒

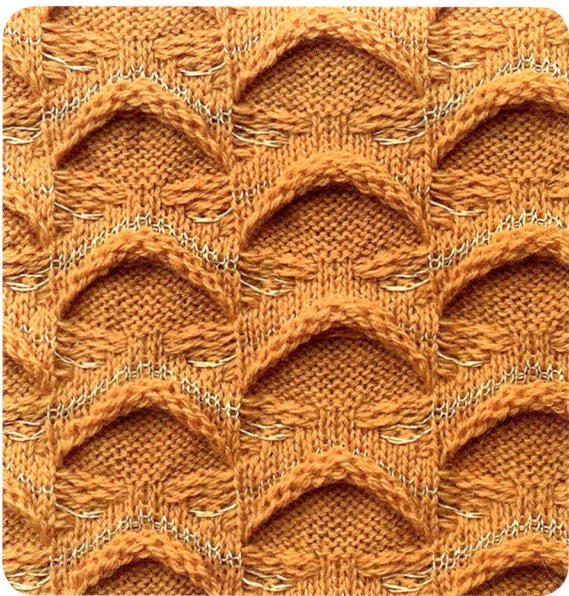

03181903LN06 - ZP

（北京雪莲羊绒有限公司）

2/26nm

100%羊绒

银之川金银丝

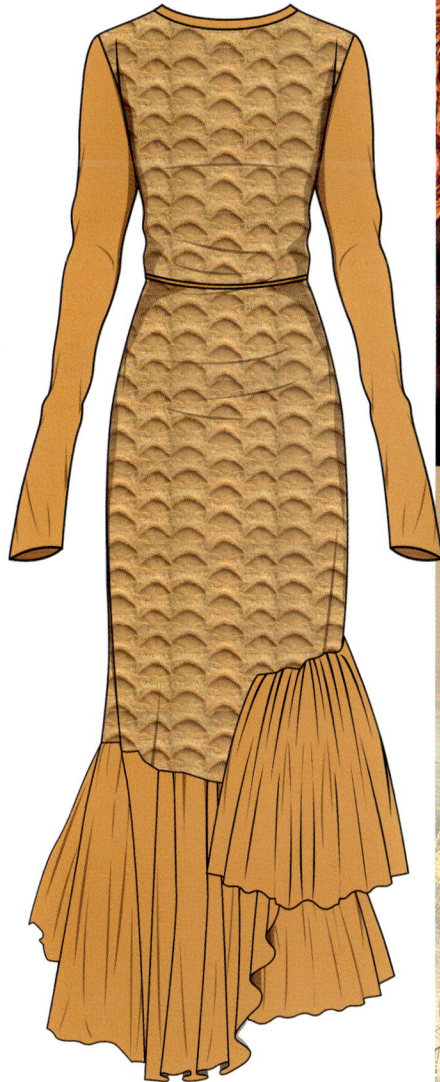

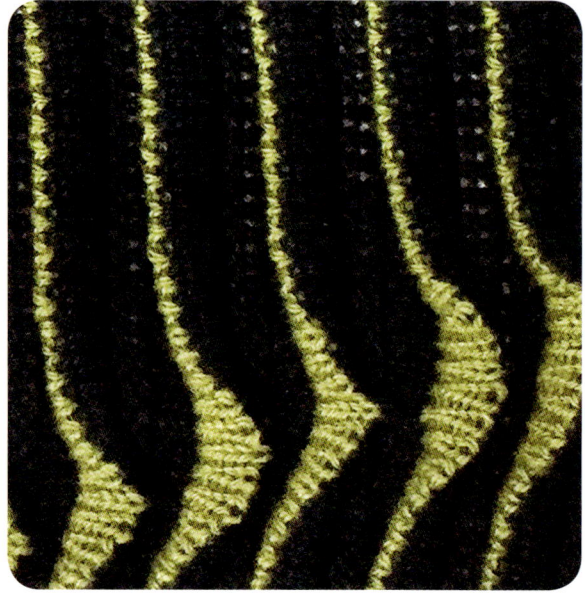

03181903LN07 - ZP
（北京雪莲羊绒有限公司）
2/26nm
100%羊绒
2/25nm
100%羊绒

03181903LN08 – ZP
（北京雪莲羊绒有限公司）
2/25nm
100%羊绒
2/26nm
100%羊绒

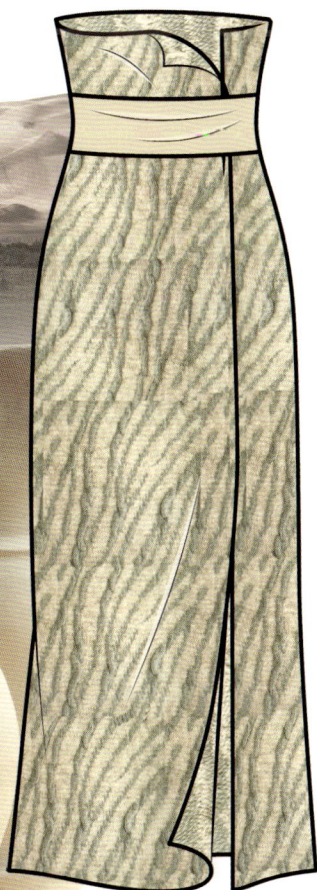
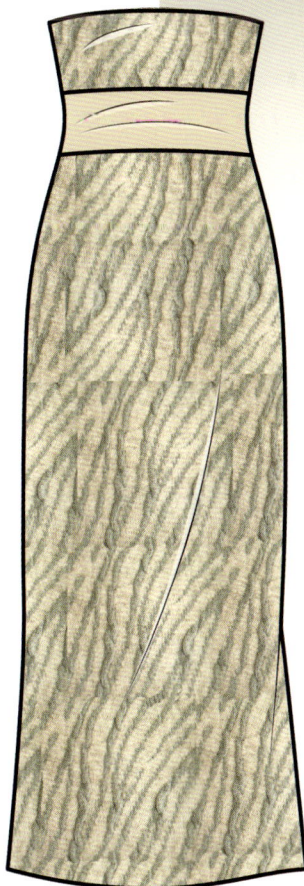

03181903LN09 – ZP
（北京雪莲羊绒有限公司）
2/25nm
100%羊绒

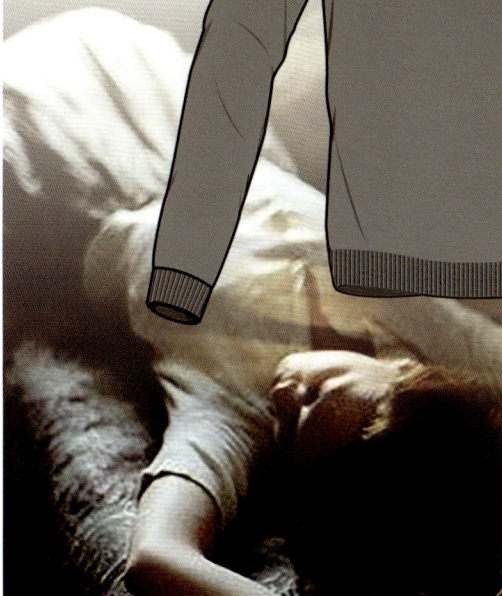

03181903LN10 – ZP

（北京雪莲羊绒有限公司）

2/26nm

100%羊绒

2/26nm

70%羊毛　30%羊绒

2/25nm

100%羊绒

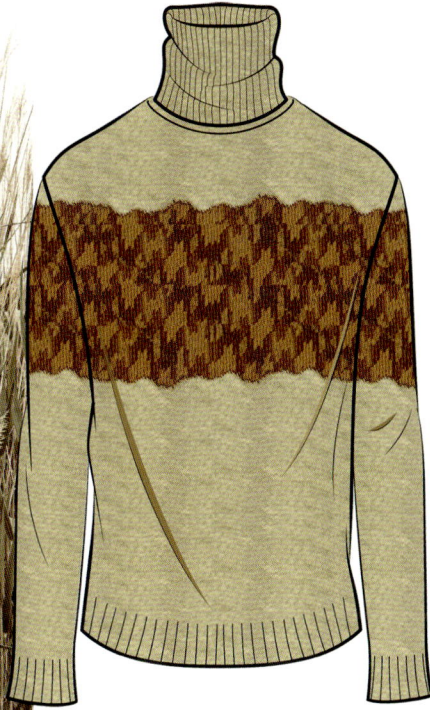
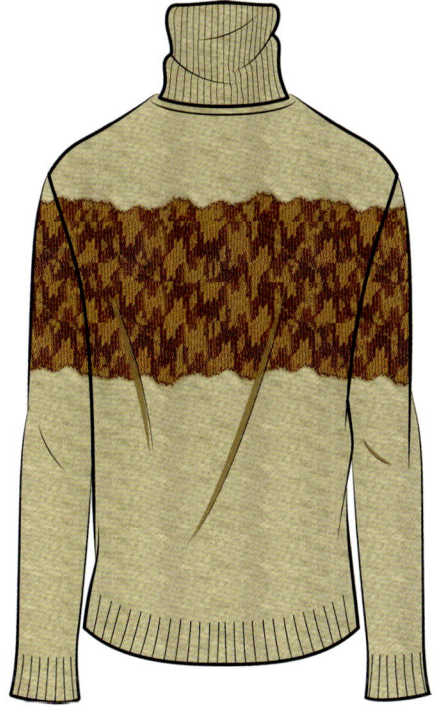

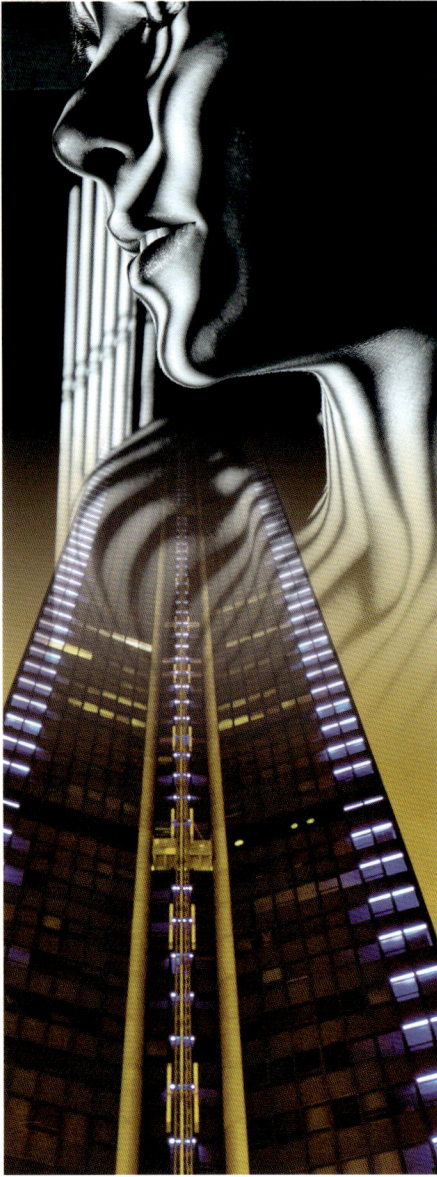

03181903LN11 - ZP
（北京雪莲羊绒有限公司）
2/25nm
100%羊绒
银之川金银丝

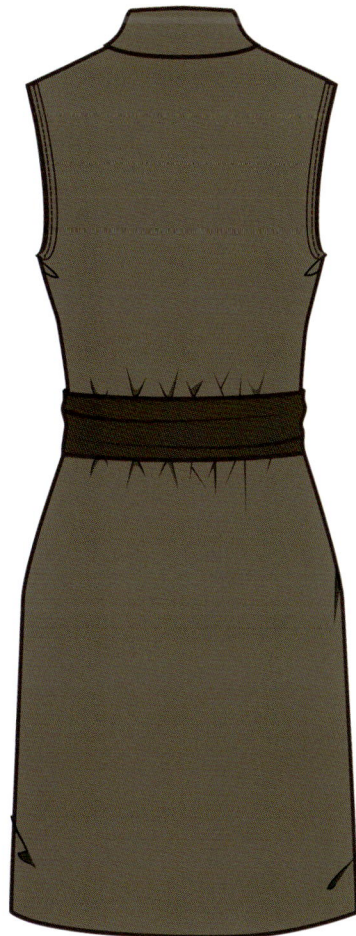

03181903LN12 – ZP
（北京雪莲羊绒有限公司）
2/36nm
70%羊毛　30%羊绒
2/26nm
100%羊绒

流年·纪事

FLEETING TIME
THE CHRONICLE

◇◇◇◇◇◇◇◇◇◇◇◇

款式样衣

STYLE SAMPLE

关于旅行的回忆记录在笔触与纸卷的亲昵之中，深刻于瓦罐与首饰的缝隙。面朝大海，感悟一路的经历与收获。

The memories of travel are recorded in the intimateness of the pen strokes and the paper,deep in the gap between the jar and the jewels. Facing the sea,embracing the experience and harvest all the way.

04

心逸 · 遐游

RELEASE OF HEART
SET FREE TO TRAVEL

基调

思绪逃离身体自在游走，通达的心灵穿透现实的藩篱看得到更远的天地。身末动、心已远，旅行的精神才有了完整的定义。

Keynote

Thoughts escape from the body,free soul penetrates the wall of reality to see the farther world. The heart has been far without the body's moving,now travel has a complete definition.

16-4706TPX

13-4110TPX

13-5409TPX

13-3804
TPX

13-1106TPX

12-0312TPX

11-0107TPX

12-4302TPX

色调： 一系列清新而透彻的淡彩色，温柔而富有灵气，带来无拘无束的色彩感受。

Color： A series of fresh and thorough light color,gentle and given aura,bring free color feeling.

廓形： 年轻浪漫，带有些许少女感，精致的箱形结构外套，多层次裙、裤分体装，伴以巧妙的细节结构。

Silhouette： Young and romantic,with a little girly feeling,exquisite box structure coat and multi-layered skirt pants separates with meticulous and ingenious details.

设计点： 薄厚对比，清透层次感，精致细节结构，曲线条，体量感。

Design point： Thin thickness contrast, clear layering,exquisite detail structure, curve,body mass.

材质： 以纯绒、绒毛混纺纱线为主，搭配复合纤维、马海毛及透明丝，营造出该系列蓬松轻透的质感和灵动而浪漫的气息。

Material： Mainly using pure cashmere, cashmere and wool blended yarn-based-matching with composite fiber,mohair and transparent yarn to create a series of fluffy light texture,ethereal and romantic atmosphere.

组织肌理： 蓬松的绒毛浮线组织，微妙的曲线移针肌理，薄厚组织的结合，轻盈的镂空效果以及柔和的曲线嵌花提花图案。

Texture： Fluffy and floating line texture, subtle moving needle curve texture,thin thinkness tissue combination,light hollow effect and soft curve inlaid jacquard pattern.

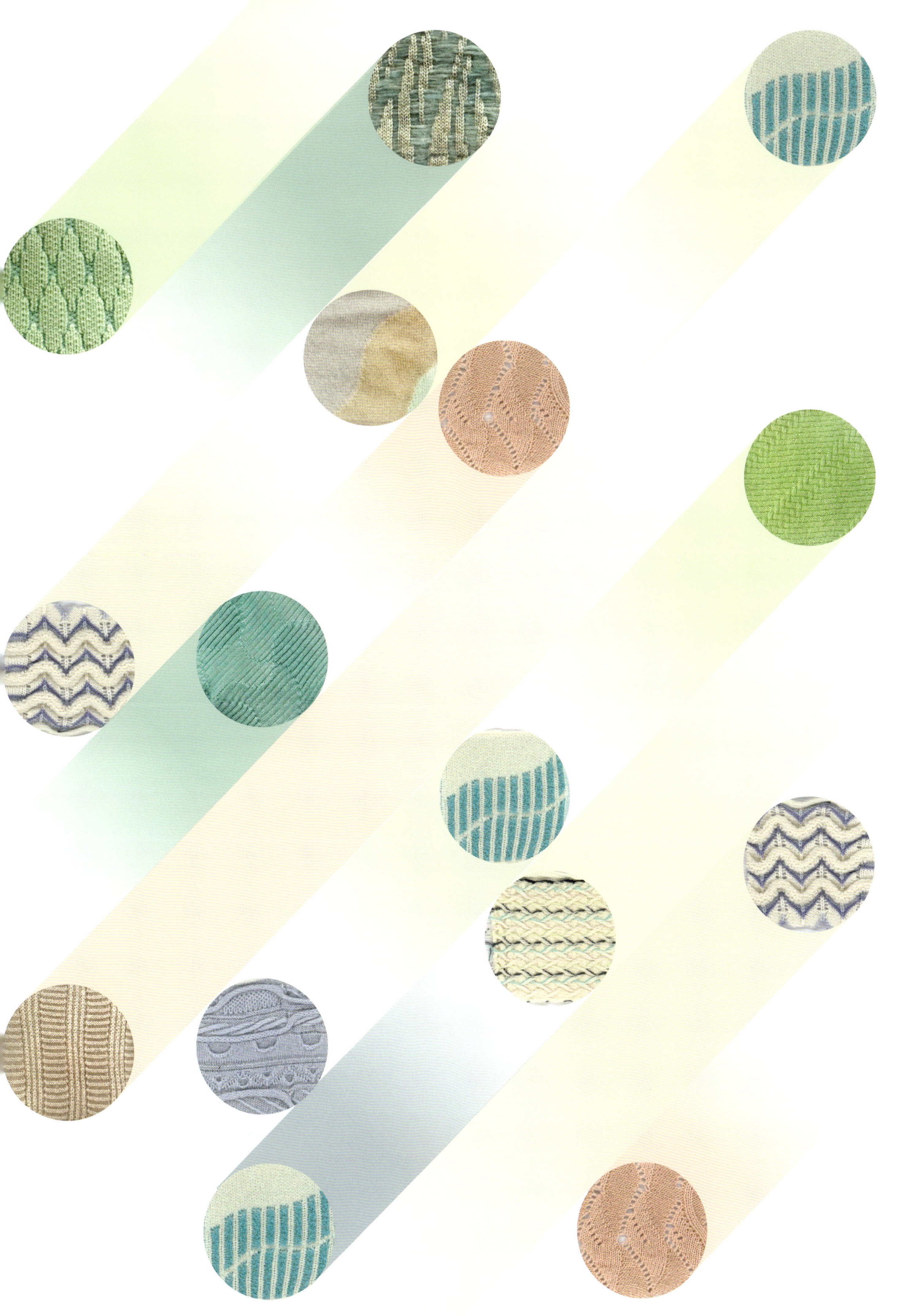

03181904XY01 - ZP
（北京雪莲羊绒有限公司）
2/28nm
100%羊绒
（恒天宝丽丝生物基纤维股份有限公司）
1/30nm
天蚕丝

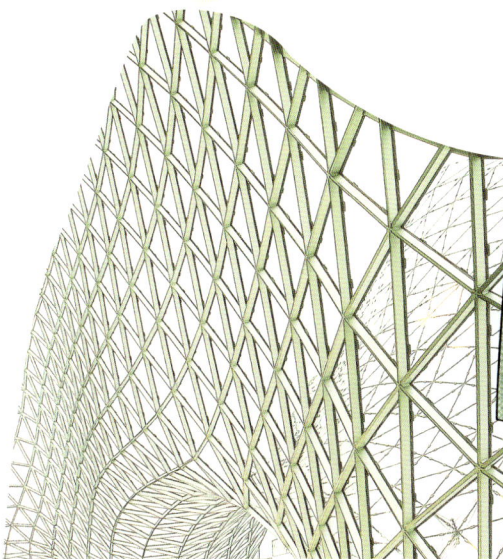
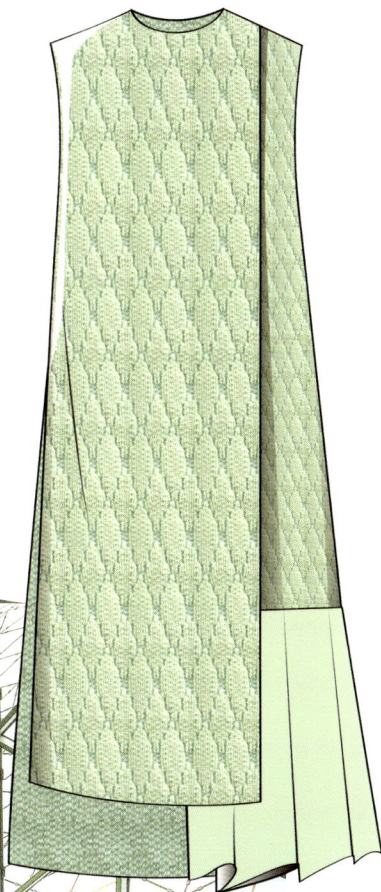
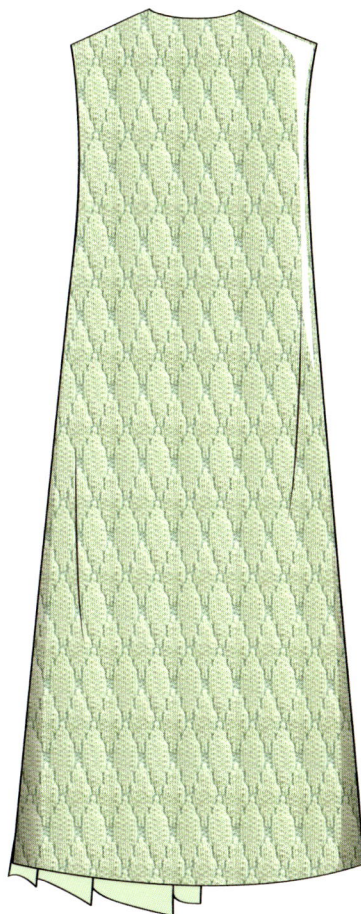

03181904XY02 - ZP

（北京雪莲羊绒有限公司）

2/25nm

100%羊绒

（江苏鹿港文化股份有限公司）

1/5nm

20%马海毛　13%丝光羊毛

47%锦纶　20%腈纶

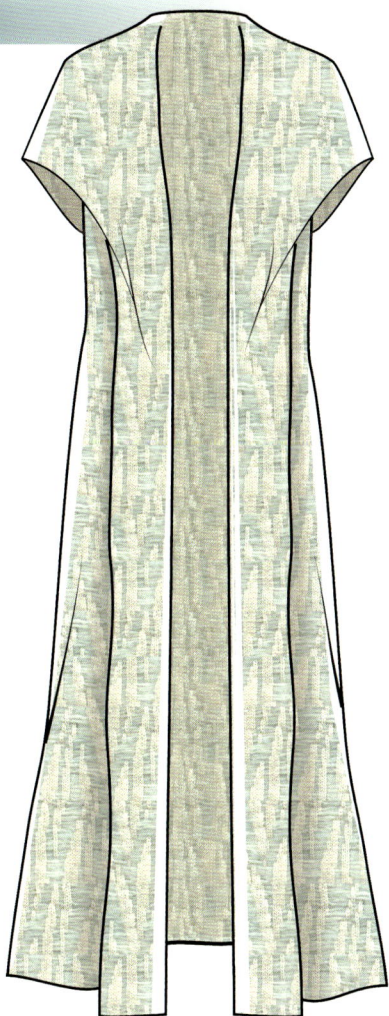
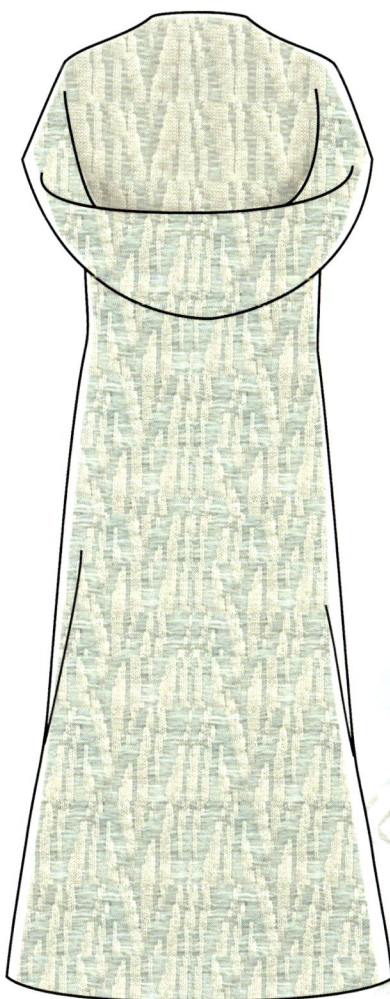

03181904XY03 – ZP

（北京雪莲羊绒有限公司）

2/26nm

100%羊绒

2/26nm

70%羊毛　30%羊绒

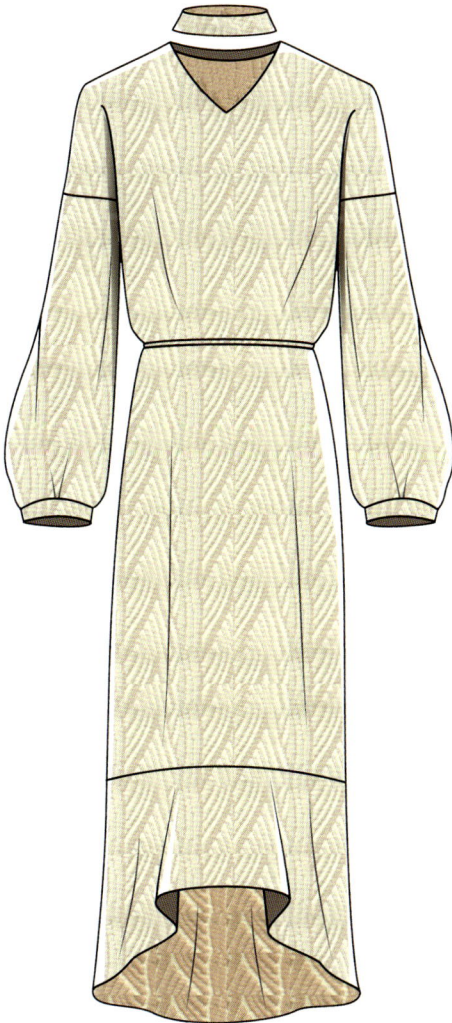

03181904XY04 - ZP

（北京雪莲羊绒有限公司）

2/26nm

100%羊绒

2/36nm

100%羊绒

2/28nm

100%羊绒

（恒天宝丽丝生物基纤维股份有限公司）

1/30nm

天蚕丝

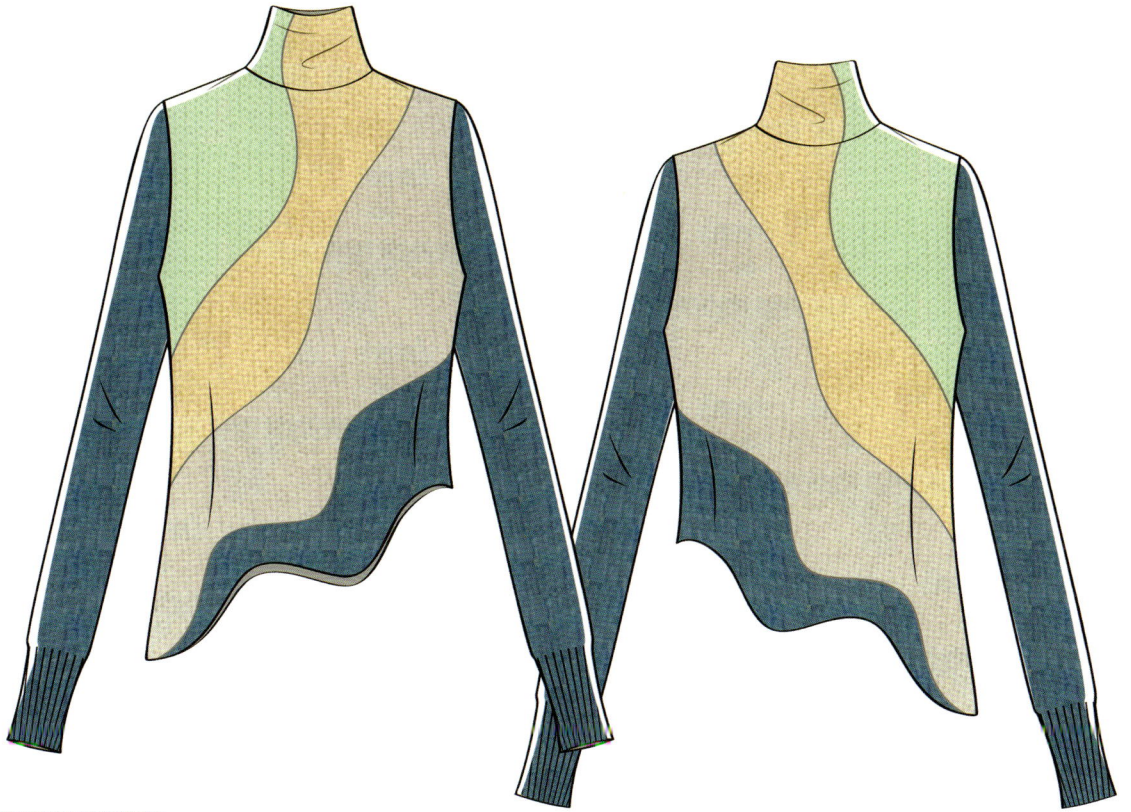

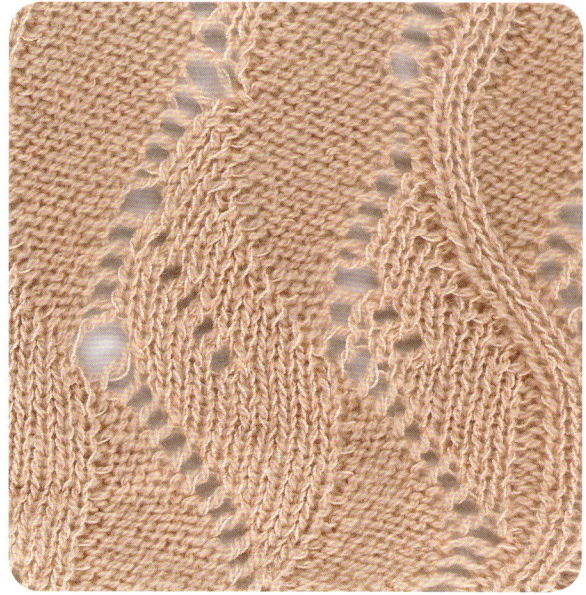

03181904XY05 – ZP
（北京雪莲羊绒有限公司）
2/26nm
100%羊绒
（恒天宝丽丝生物基纤维股份有限公司）
1/100nm
蒙娜纱（生物基长丝）

03181904XY06 - ZP

（北京雪莲羊绒有限公司）

2/25nm

100%羊绒

（恒天宝丽丝生物基纤维股份有限公司）

1/30nm

天蚕丝

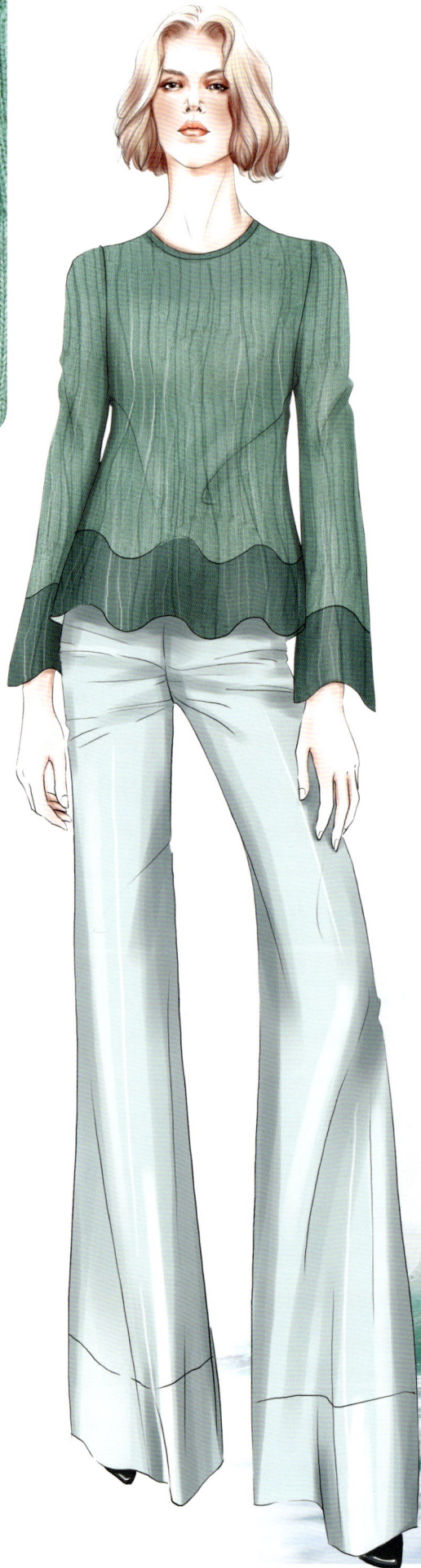

03181904XY07 – ZP

（北京雪莲羊绒有限公司）

2/25nm

100%羊绒

（恒天宝丽丝生物基纤维股份有限公司）

1/30nm

天蚕丝

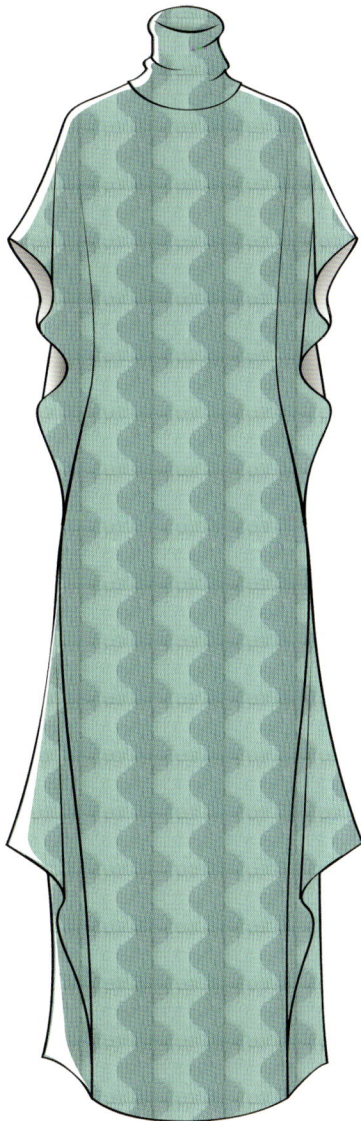

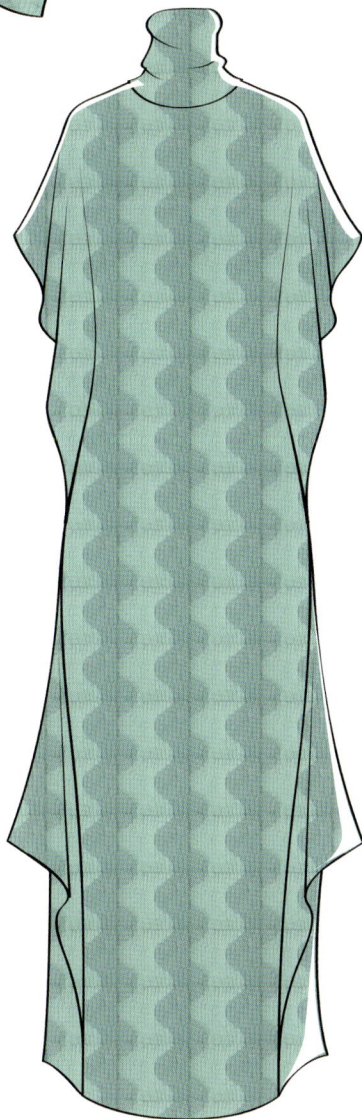

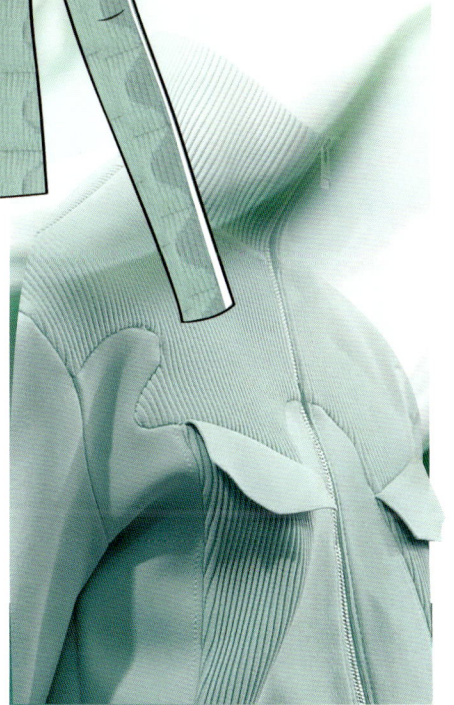

03181904XY08 – ZP
（北京雪莲羊绒有限公司）
2/28nm
100%羊绒

03181904XY09 - ZP
（北京雪莲羊绒有限公司）
2/25nm
100%羊绒

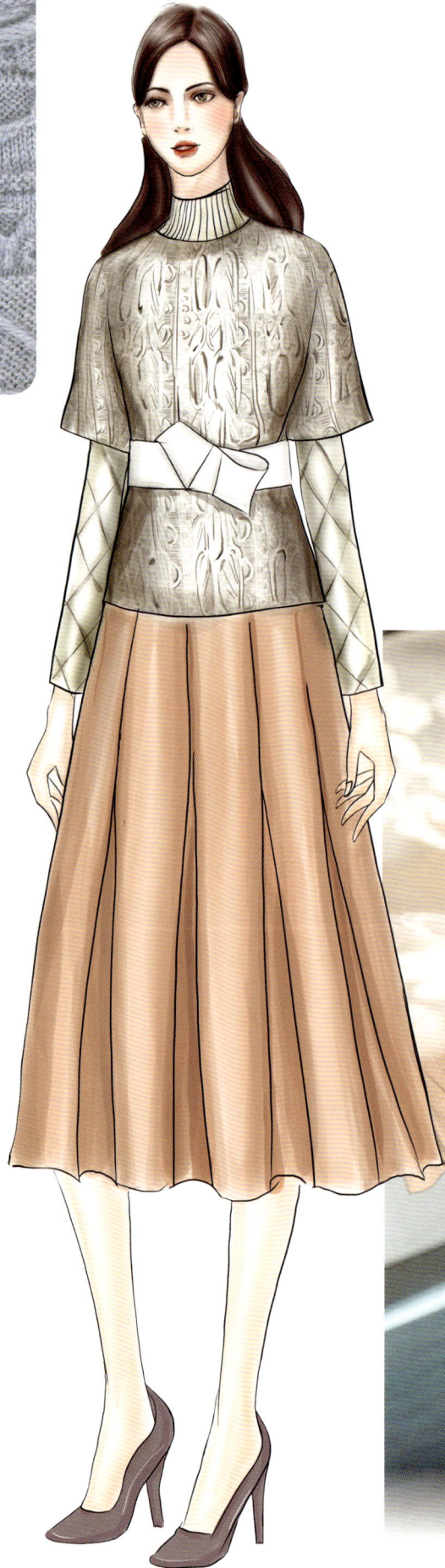

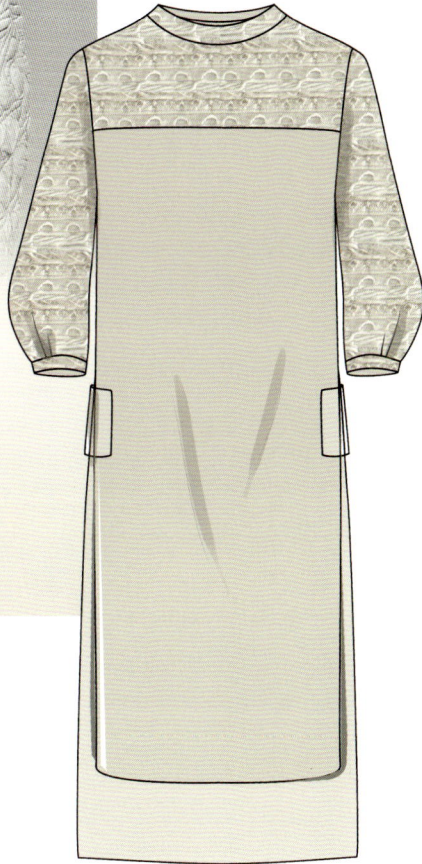
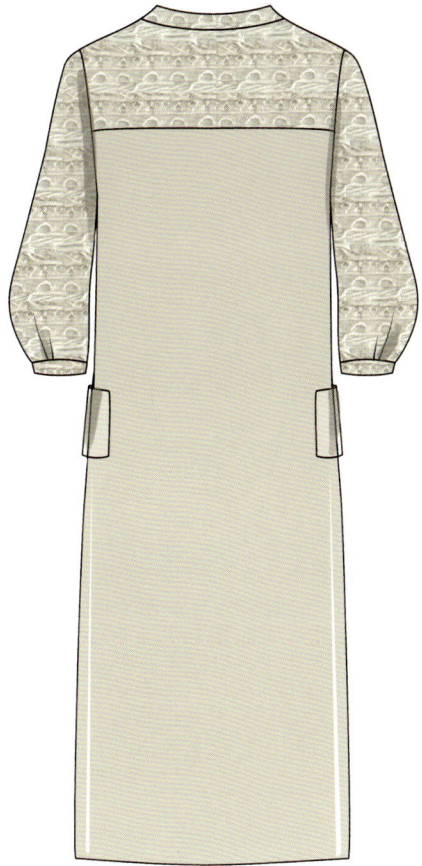

03181904XY10 - ZP
（北京雪莲羊绒有限公司）
2/36nm
70%羊毛　30%羊绒

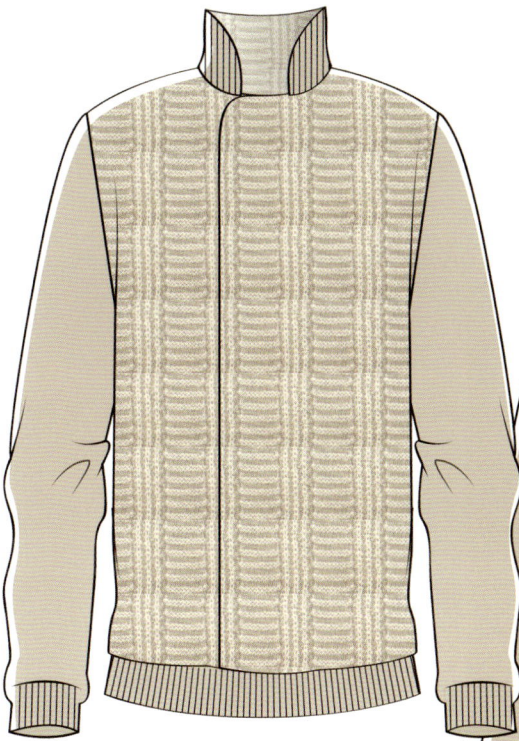
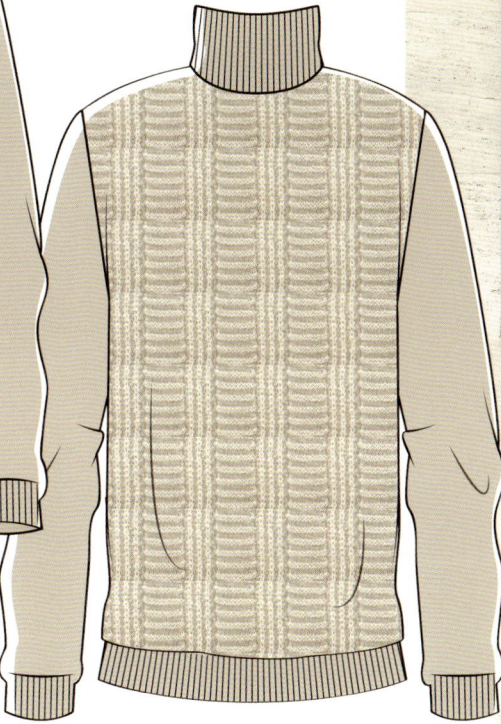

03181904XY11－ZP
（北京雪莲羊绒有限公司）
2/28nm
100%羊绒
2/36nm
70%羊毛　30%羊绒
2/26nm
70%羊毛　30%羊绒

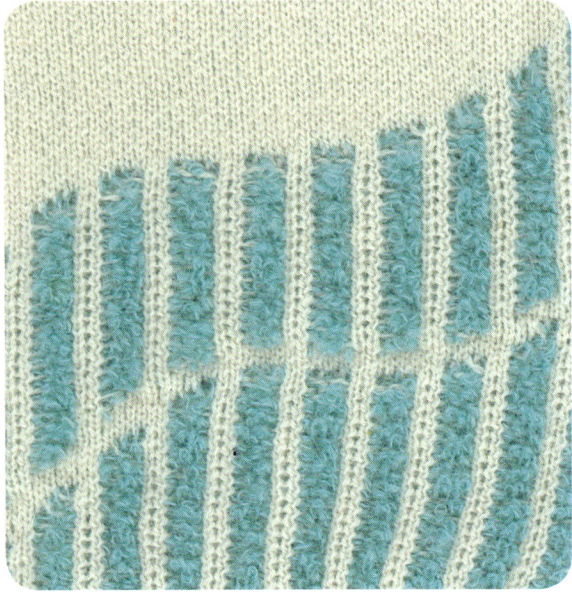

03181904XY12 – ZP
（北京雪莲羊绒有限公司）
2/26nm
70%羊毛　30%羊绒
（江苏鹿港文化股份有限公司）
nm.20000
29%马海毛　22%聚丙烯腈纤维
49%聚酰胺纤维

心逸 · 遐游

RELEASE OF HEART
SET FREE TO TRAVEL

款式样衣

STYLE SAMPLE

思绪逃离身体自在游走，通达的心灵穿透现实的藩篱看得到更远的天地。身未动、心已远，旅行的精神才有了完整的定义。Thoughts escape from the body,free soul penetrates the wall of reality to see the farther world. The heart has been far without the body's moving ,now travel has a complete definition.

精美织片汇总

Collection of Exquisite Woven Sheets

03181901ZQ01 - ZP
（北京雪莲羊绒有限公司）
2/26nm
70%羊毛　30%羊绒
2/36nm
70%羊毛　30%羊绒
2/28nm
70%羊毛　30%羊绒

03181901ZQ02 - ZP
（北京雪莲羊绒有限公司）
2/25nm
100%羊绒
（江苏鹿港文化股份有限公司）
nm.2/60000
100%黏胶纤维
银之川金银丝

03181901ZQ03 - ZP
（北京雪莲羊绒有限公司）
2/26nm
70%羊毛　30%羊绒

03181901ZQ04 - ZP
（北京雪莲羊绒有限公司）
2/25nm
100%羊绒

03181901ZQ05 - ZP
（北京雪莲羊绒有限公司）
2/25nm
100%羊绒

03181901ZQ06 - ZP
（北京雪莲羊绒有限公司）
2/25nm
100%羊绒

03181901ZQ07 - ZP
（北京雪莲羊绒有限公司）
2/26nm
100%羊绒
银之川金银丝

03181901ZQ08 - ZP
（北京雪莲羊绒有限公司）
2/25nm
100%羊绒

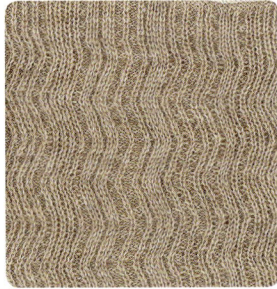

03181901ZQ09 - ZP
（北京雪莲羊绒有限公司）
2/25nm
100%羊绒

03181901ZQ10 - ZP
（北京雪莲羊绒有限公司）
2/28nm
70%羊毛　30%羊绒
银之川金银丝

03181901ZQ11 - ZP
（北京雪莲羊绒有限公司）
2/25nm
100%羊绒

03181901ZQ12 - ZP
（北京雪莲羊绒有限公司）
2/28nm
100%羊绒
银之川金银丝

03181902QY01 – ZP
（北京雪莲羊绒有限公司）
2/36nm
70%羊毛　30%羊绒

03181902QY02 – ZP
（北京雪莲羊绒有限公司）
2/26nm
100%羊绒
（浙江新澳纺织股份有限公司）
2/48nm
90%超细美利奴羊毛　10%羊绒

03181902QY03 – ZP
（北京雪莲羊绒有限公司）
2/25nm
100%羊绒
2/26nm
100%羊绒

03181902QY04 – ZP
（北京雪莲羊绒有限公司）
2/36nm
70%羊毛　30%羊绒
（恒天宝丽丝生物基纤维股份有限公司）
1/30nm
天蚕丝

03181902QY05 – ZP
（北京雪莲羊绒有限公司）
2/25nm
100%羊绒
（恒天宝丽丝生物基纤维股份有限公司）
1/30nm
天蚕丝

03181902QY06 – ZP
（北京雪莲羊绒有限公司）
2/26nm
100%羊绒
（浙江新澳纺织股份有限公司）
90%超细美利奴羊毛　10%羊绒
（恒天宝丽丝生物基纤维股份有限公司）
1/30nm
天蚕丝

03181902QY07 – ZP
（北京雪莲羊绒有限公司）
2/26nm
100%羊绒
（恒天宝丽丝生物基纤维股份有限公司）
1/30nm
天蚕丝

03181902QY08 – ZP
（北京雪莲羊绒有限公司）
2/25nm
100%羊绒
（恒天宝丽丝生物基纤维股份有限公司）
1/30nm
天蚕丝

03181902QY09 – ZP
（北京雪莲羊绒有限公司）
2/26nm
100%羊绒
（恒天宝丽丝生物基纤维股份有限公司）
1/30nm
天蚕丝

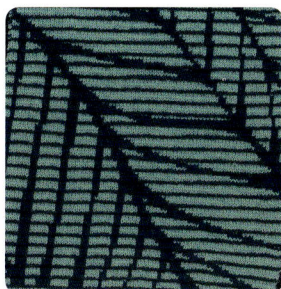

03181902QY10 – ZP
（北京雪莲羊绒有限公司）
2/25nm
100%羊绒

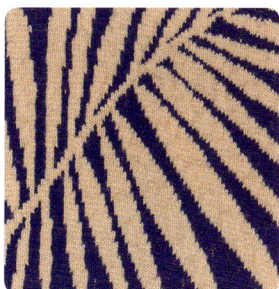

03181902QY11 – ZP
（北京雪莲羊绒有限公司）
2/26nm
100%羊绒
（恒天宝丽丝生物基纤维股份有限公司）
1/30nm
天蚕丝

03181902QY12 – ZP
（北京雪莲羊绒有限公司）
2/25nm
100%羊绒
（浙江新澳纺织股份有限公司）
2/48nm
90%超细美利奴羊毛　10%羊绒

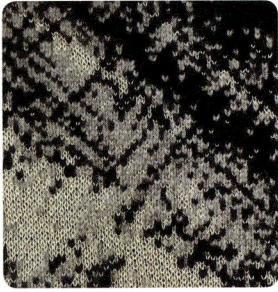

03181903LN01 – ZP
（北京雪莲羊绒有限公司）
2/25nm
100%羊绒
银之川金银丝

03181903LN02 – ZP
（北京雪莲羊绒有限公司）
2/25nm
100%羊绒
银之川金银丝

03181903LN03 – ZP
（北京雪莲羊绒有限公司）
2/25nm
100%羊绒
（江苏鹿港文化股份有限公司）
nm.12500
32%马海毛　32%美利奴羊毛
33%聚酰胺纤维　3%弹性纤维

03181903LN04 – ZP
（北京雪莲羊绒有限公司）
2/26nm
100%羊绒

03181903LN05 – ZP
（北京雪莲羊绒有限公司）
2/25nm
100%羊绒
2/26nm
100%羊绒
2/36nm
70%羊毛　30%羊绒

03181903LN06 – ZP
（北京雪莲羊绒有限公司）
2/26nm
100%羊绒
银之川金银丝

03181903LN07 – ZP
（北京雪莲羊绒有限公司）
2/26nm
100%羊绒
2/25nm
100%羊绒

03181903LN08 – ZP
（北京雪莲羊绒有限公司）
2/25nm
100%羊绒
2/26nm
100%羊绒

03181903LN09 – ZP
（北京雪莲羊绒有限公司）
2/25nm
100%羊绒

03181903LN10 – ZP
（北京雪莲羊绒有限公司）
2/26nm
100%羊绒
2/26nm
70%羊毛　30%羊绒
2/25nm
100%羊绒

03181903LN11 – ZP
（北京雪莲羊绒有限公司）
2/25nm
100%羊绒
银之川金银丝

03181903LN12 – ZP
（北京雪莲羊绒有限公司）
2/36nm
70%羊毛　30%羊绒
2/26nm
100%羊绒

03181904XY01 – ZP
（北京雪莲羊绒有限公司）
2/28nm
100%羊绒
（恒天宝丽丝生物基纤维股份有限公司）
1/30nm
天蚕丝

03181904XY02 – ZP
（北京雪莲羊绒有限公司）
2/25nm
100%羊绒
（江苏鹿港文化股份有限公司）
1/5nm
20%马海毛　13%丝光羊毛
47%锦纶　20%腈纶

03181904XY03 – ZP
（北京雪莲羊绒有限公司）
2/26nm
100%羊绒
2/26nm
70%羊毛　30%羊绒

03181904XY04 – ZP
（北京雪莲羊绒有限公司）
2/26nm　　100%羊绒
2/36nm　　100%羊绒
2/28nm　　100%羊绒
（恒天宝丽丝生物基纤维股份有限公司）
1/30nm
天蚕丝

03181904XY05 – ZP
（北京雪莲羊绒有限公司）
2/26nm
100%羊绒
（恒天宝丽丝生物基纤维股份有限公司）
1/100nm
蒙娜纱（生物基长丝）

03181904XY06 – ZP
（北京雪莲羊绒有限公司）
2/25nm
100%羊绒
（恒天宝丽丝生物基纤维股份有限公司）
1/30nm
天蚕丝

03181904XY07 – ZP
（北京雪莲羊绒有限公司）
2/25nm
100%羊绒
（恒天宝丽丝生物基纤维股份有限公司）
1/30nm
天蚕丝

03181904XY08 – ZP
（北京雪莲羊绒有限公司）
2/28nm
100%羊绒

03181904XY09 – ZP
（北京雪莲羊绒有限公司）
2/25nm
100%羊绒

03181904XY10 – ZP
（北京雪莲羊绒有限公司）
2/36nm
70%羊毛　30%羊绒

03181904XY11 – ZP
（北京雪莲羊绒有限公司）
2/28nm
100%羊绒
2/36nm
70%羊毛　30%羊绒
2/26nm
70%羊毛　30%羊绒

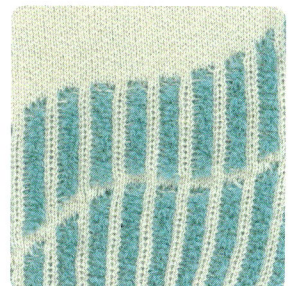

03181904XY12 – ZP
（北京雪莲羊绒有限公司）
2/26nm
70%羊毛　30%羊绒
（江苏鹿港文化股份有限公司）
nm.20000
29%马海毛　22%聚丙烯腈纤维
49%聚酰胺纤维

羊绒流行趋势名师谈

Great Masters' Articles for Cashmere Trends

流行文化是推动时尚产业的内动力

在满足人的精神和文化需求的发展中，中国时尚产业一直在"创新"与"探索"的双重变奏中前进，正步入树立时尚话语权和与国际同行角力市场的"转型升级"的跨越时期。

以符号价值实现为核心，以文化意义解读为导向的中国新型时尚产业，在对各类传统产业资源要素进行设计创新、整合提升，加入不断滋生的时尚元素，满足消费者实用价值追求的同时，从更深层的心理价值层面去实现消费者的情感追求，彰显着产业柔性张力的价值和优势。在打通流行引领消费、消费决定生产这一经济任督二脉，缔造流行文化引领产业发展的今天，树立民族时尚话语权，助力国家经济、文化在国际社会的竞争中占据市场主导地位，是时尚产业释放发展潜力实现跨越的重要举措。

西方各发达国家对流行文化研究和传播的争夺日趋白热化，已是不争的事实。相比之下，过去在流行上习惯跟随，经常以后发优势抢占市场的中国时尚产业，如今在许多方面虽已攻入无人区，成为行业领跑者，并有可能成为中国产业率先实现向全球价值链中高端升级的领军行业，但如果没有超前的时尚科学理论作指导，领跑者的未来是无法发生质变的。流行理念与科学技术同为第一生产力。创立独具国家和民族特色的流行文化理论，以此去推动产业健康发展，去角逐国际时尚话语权的中国时尚产业时代，已经到来。

时尚的概念是随时代进步不断变化的，精准把握住时尚文化的精髓，能推动时代的进步和变化。时尚产业既有先进制造业概念，又有传统手工业技艺，既有现代审美需求，也有传统文化可利用，它融合了第二产业的制造，第三产业中商业、媒介、媒体、设计等系列业态特征的产业，在创意性、生产性的新兴产业运作特点上，突出着引领时尚消费，包容多元文化的价值观。这一随社会生活潮流变化不断创新、丰富，以幸福优美百姓生活为目标的产业推陈出新，离不开时尚文化对产业的高渗透性和高贡献率，而时尚流行文化中的新元素、新趋势，又是推动时尚经济创新发展的新亮点。

用流行的时尚理念，强化中国时尚产业的顶层设计，设立国家时尚产业发展基金，加大对时尚产业基础设施建设的投入，建设时尚产业创新创业孵化器，重点推广本土有发展前景的龙头企业，从市场准入、税收优惠等方面鼓励品牌优质发展，从而助力中国时尚业在新发展中，迅速实现从概念到实体化、规模化的转型，冲出国门走向世界。

用中国的流行理念，召唤时尚价值相同的现代企业实现产业空间的集聚，从对人体装饰美化的个人时尚用品设计入手，到向人在生活所处的家居时尚用品小环境装饰美化设计创新延伸，进而到对人生存和发展中相关事物、情状进行装饰和美化的环境时尚化工程营造，如打造时尚社区、时尚街区，创建时尚创意产业园区、时尚小镇乃至时尚都市，在构建围绕体现流行审美情趣和消费理念的精致化消费服务体系中，形成竞争优势的时尚经济产业链；融合各种技艺、创意、传播、消费因素的时尚产业，内涵非常宽泛，正成为全球经济发展的重要驱动力。

用传统文化与现代时尚融合的流行理念，向经济社会各领域不断渗透，打破产业的边界，建立产业联盟，拓展中国时尚产业创新发展突围之路，是用文化自信促进时尚产业深化发展，加速推动时尚产业创新，实现"产业之美、城市之美、人文之美与环境之美"，使中国时尚产业既保留中国传统文化底蕴，又具备国际视野，对加速推动时尚业对我国总体产业升级发挥示范带动和辐射引领作用。

总之，流行文化是推动时尚产业的内动力。中国时尚的创新发展，需要健康的流行文化。

中国服装设计金顶奖获得者、著名时尚艺术家

张肇达

提升中国流行文化的国际话语权

中国服装界从购买法国、意大利流行趋势，到向国际社会发布自己的流行理念，这是中国经济兴盛的必然，更是中华民族文化崛起、东方精神开始影响世界的必然。作为旅居海外多年的设计师，看到中国发布的时尚流行文化，心中油然升腾起一种亲切感和自豪感。

时尚流行理念，是国家政治、经济、科技、文化发展的结晶，是民族生存环境特征的写意，是时代消费需求变化节奏的走向。中国羊绒针织时装流行趋势，从时尚消费品创新发展的一个侧面，揭示社会时尚消费情感演变的同时，也让我们看到了我国丰富的文化内涵，领略到了一个有担当的民族引领时代潮流的责任精神。

作为一门社会科学研究成果，流行趋势的产生是个极其严肃的过程。从采集整理万千市场数据，到调查研究各种消费行为，从客观分析社会政治经济形势，到精细探讨自然生态环境，从挖掘本土文化特色，到精准梳理国际流行脉络，从客观把握现代科学技术，到深刻揭示时尚文化内涵，中国著名时装品牌雪莲敢于创建羊绒针织时装流行趋势，是企业科研技术水平不断升华的体现，是品牌不断深入经营消费市场能力的体现，更是中国服装行业引领时尚潮流、彰显时代责任的体现。

作为服装制造、出口、消费大国，中国对时装流行文化的研究，还缺乏权威的专业队伍和机构，因而时尚流行文化研究的科学体系还有待完善。作为政治、经济、文化已逐步影响周边国家并引起西方发达社会关注的大国，中国发布的时尚流行理念，对缤纷多彩本土市场的主导力还极为有限，更难影响国际市场的趋势走向。但作为一项社会科学研究成果，时尚文化的流行趋势，是国家政治经济健康的指数，是社会科学技术昌盛的结晶，是人民幸福生活理想欲望的体现。伴随国家政治的稳定、经济的发展、科技的提升、环境的美化、文化的兴盛，深入开展时尚流行趋势的社会科学研究，指导时尚消费需求的健康成长，引领市场的理性发展，是一项十分有意义的工作。

缔造流行文化，是推动发展着的中国时尚市场健康成长的动力。缔造流行文化，不应讲究数量，不可在意频率，中国流行理念是否具有国际影响力，提升中国流行文化的国际话语权是关键。

提升中国流行文化的国际话语权，就要创建起国家时尚流行文化科研机构，组织一大批时尚文化的专家学者和活跃在市场的设计创新人才，日复一日年复一年地展开中国流行文化的研究，脱离粘贴资料的课题板，深入市场拿捏住消费的需求，创建本民族时尚消费的数据库，让流行趋势成为时尚市场创新发展的导航。

提升中国流行文化的国际话语权，就要深入研究现代科学技术改变时尚制造的现状，研究科学技术发展的节奏与时尚流行周期的规律，从而在用科技手法创新羊绒针织时装的针法、编织手法、搭配造型的同时，用更高新、更尖端的技术工艺，推动时尚文化的创新和流行。

提升中国流行文化的国际话语权，就要搭建权威的国家流行趋势发布平台，就要敢于创建国家流行文化发布基金，支持中国的名师、名牌，将中国的时尚文化流行理念，带到西方发达社会去展示发布，让国际社会有更多了解认知中国时尚理念的机会，从而加快中国时尚走向国际的速度。

提升中国流行文化的国际话语权，就要深入研究中国优秀的传统文化内涵，深入研究服饰文化的时尚魅力。这样才会使我们面对万千元素时，能发掘出让内心感动、能激发创作热情的要素，在大千世界中，找到最真切表达我们设计主题的色彩、质地、款式和搭配方式。真正好的设计是有灵魂的，真正能流行起来的理念，是时尚情感的演绎。

中国服装设计金顶奖获得者、著名旅居加拿大服装设计师

刘洋

羊绒针织时尚浪漫着温馨情感

也许是久没读得肌理如此丰富，造型如此多元恒变，风韵如此卓约婀娜，衣装表情如此和蔼妩媚的针织羊绒时装，欣赏过《2018—2019年秋冬羊绒针织服装流行趋势》，一种久违的激动从我心底浸染开来。

与机织服装设计不同的是，每一款针织时装的设计，都是从一根根纱线开始的。通过成熟的针织时装工艺技术和设计文化，慧心为剪、巧手作绣，从面料肌理的构筑入手，从时装造型的创新入手，才能用独特的针织语言将时尚浪漫的激情，将牵动心灵的元素编织成一个个美丽的梦。

羊绒针织时装设计，不仅要将一根根纯粹的羊绒纤维编织成个性不一、质感丰富的时装面料，还需要有高超的针织结构设计与控制能力，从羊绒的各种织片设计编织入手，通过不同的工艺手法，将对羊绒纤维华贵品质的全部情感，融合在款款形色神韵全新、风格独特的时装中。

稀缺珍贵、素有纤维钻石之称的羊绒，在国际时尚界被誉为"软黄金"，是高贵奢华的代名词。从羊绒纤维温、柔、糯、滑的独特特性和针织服饰对人体美表现的特性研究入手，"雪莲羊绒针织服装流行趋势"在针织面料横直疏密易变的柔韧特性中，淬练出了用针织的弹性充分体现对人体曲线美的呵护，用时尚的解构手法使变化多端的针织肌理，构筑成卓然、真我的优雅精神。

时装设计重要的一点，是需要设计者静下神来，用心去感悟每件作品不同的色彩、质感、结构，在细节上创作出传情的要点，这是一个从感性的立体创造力到理性制作的升华过程。

不断用独特的方式去组织设计元素，雪莲品牌设计科研机构无论是用提花、镂空、抽条、编花、电脑织绣、盘花等几十种针织语言织造的服饰肌理，还是对颈、肩、胸、腰、臂、臀、腿的裹、藏、掩、遮、透、露等修饰，无论穿越刚柔并济的探索，将女性对经典和时尚流行的全部恋情，细腻温柔地刻画了出来，还是通过质料与构筑这些质料的巧思，挑战羊绒针织艺术化的可能，表达反传统、反规则、反具象的思考，使羊绒针织时尚在时装疏密易变的曲线中，柔软糯滑的奢华品质和纯粹气息中，塑造出与后现代风格奇特融合、极具设计感的羊绒时装经典外观，创造着华美绝伦的优雅、恬静淡然的禅意和鸣动的生命节奏。

用羊绒通透空灵的质感、精准言说的针织语言和艺术解构手法，缔造羊绒针织时尚流行趋势，带给我们的不仅仅是肌肤与视觉的双重惊喜，不仅仅是在解构手法中变化多端的针织肌理构建出的羊绒时装形廓独特的视觉张力，不仅仅是羊绒针织时装功能的提升款式设计感和时尚性，而且是对人们个性时尚需求难以想象的气势与灵动的展现，是引领羊绒时尚生产经营者和消费群体以羊绒针织为载体，探寻对潮流的理解，对人生的感悟，对羊绒针织品时尚精神情感的记忆。

时尚的流行文化在设计创新中不断诞生着，但让时尚真正流行起来，传播是推波助澜的重要力量。将我们制造的流行理念，通过各种形式的传播让更多人感知、理解，让更多的企业广泛学习、响应，让更多的消费者去体验、去践行，我们中国缔造的时尚流行思想，才能更广泛地影响市场、征服更广阔的世界。

高贵而典雅的羊绒时装蕴含着天使般的灵动，变化多端的肌理间，雕塑感的皱褶里，薄如蝉翼的裙摆上，疏密易变的曲线中，柔软糯滑的奢华品质和纯粹气息，升华着羊绒时装的流行文化……雪莲羊绒针织时尚，是一种灵性、一种荡涤非关本真与唯美的灵魂力量。

中国服装设计金顶奖获得者、著名羊绒时装设计师

张继成

纤维的创新是时装流行魅力的根本

　　时装的设计创新，不仅是从面料的雕塑角度呈现，还要依靠纤维的再造。而面料雕塑的原则以及纤维再造的方向，无不要紧贴时代流行的脉搏，这样才会顺应时装的潮流从而赢得市场。

　　在多年的纯棉时尚流行文化创新实践中，我深刻体会到，将传统质朴的纤维时尚化，借现代科学技术对纤维质地改造是关键，而挖掘纤维的时尚精神，才是缔造流行文化的根本。

　　在各种材质面料中，天然纤维的面料有许多自身的弱点，如纯棉易皱、纯毛难洗、真丝易损等，但如果将天然纤维面料的弱点当作优点来表现，在服饰的相关部位有意张扬纯棉的皱折，以此来表现天然的感受，是能在不完美中让人们体味到纯天然完美意境的。

　　我在研究纯棉文化中发现，纯棉纤维除舒适、环保、吸湿、透气的特性外，纯棉纤维通透、空灵的品质感，纯棉本白纯净的色彩，本真天然的质感，是能裁剪缝纫成浪漫清新的韵律、典雅干净的意境、撩心动情的创意的。利用现代纺织、印染技术，是能将纯棉面料的许多弱性比如缩水性问题、色牢度不够问题、起皱问题等进行极大改变的，而用国际最先进的制作工艺，通过棉线条粗细变化和虚实交错手法，更能使纯棉质地的面料千变万化，显得浪漫多娇。只有充分把握住纯棉纤维优良的肌肤触觉，在设计上注入一些新时尚元素，使质朴的纯棉更加华美一些，时尚表情更生动一些，和现代时尚、审美更贴近一些，纯棉服装形的质与神的质，功能的质与审美的质，生理的质与心理的质才能相互吻合，才能将传统纤维温柔敦厚的时尚精神和天然情丝淋漓尽致地体现出来。

　　服装设计是对面料深情地雕塑。设计师精挑细选时装面料的材质，显现的是对穿着者诚挚的关怀。不同纤维的物理结构，能产生与众不同的质觉、视觉、触觉和意识觉，由此产生出来的纤维精神内涵，通过对纤维纺捻、编织、染整、裁剪、缝制成服饰后，对人形象的构筑感和与肌肤交流后的体验感，产生的联想丰富多姿。

　　面对绿色消费的时尚潮流，我们有责任去挖掘纯天然纤维面料的服饰个性和时尚语言，只有颠覆传统意象，在设计理念上，在版型细节上，在搭配组合上大做文章，不断挖掘穿着者的多种气质，多种风貌，激发其穿着的特有魅力，才能使我们设计的服装适合更多人穿着，成为市场上最吸引人的亮点、卖点。

　　中国优秀羊绒服饰品牌雪莲用其充满激情的创作，高调发布对羊绒热爱的情感，以坚持不懈创新羊绒真挚的意境，帮人们在浮躁喧嚣的现代都市中，领悟羊绒与肌肤之间惟妙的性与情，激发对自然的钟爱、对环保的渴望、对生命的珍重。雪莲品牌新年度的设计作品，以时尚简洁的线条，立体流畅的剪裁及精细的手工配饰，来满足人体功能结构的需求，不管是合体精琢，还是宽松飘逸，让设计精髓在浪漫的"型"中体现得淋漓尽致。作为一个极具商业价值的时装品牌，能始终如一地站在时尚前沿为羊绒呐喊，体现了一个品牌的职业精神和社会责任。

　　时尚的安全感在于它自己的根本依托之中。羊绒针织服装的流行趋势，帮我们领悟到了服装与人类的真实关系，只有精准地把握这层关系，设计师、消费者才敢于义无反顾地对羊绒针织时装设计艺术形式自由而为，在已有美的形式间实现自由的本质之美，并为时尚转瞬即逝的宿命找到新的破解。

　　从雪莲缔造的羊绒针织时装流行智慧中，我们看到现代艺术家梦寐以求的境界：清新、典雅、纯净地写意着人与自然的和谐。看到了现代消费者对软黄金纤维羊绒追求的意境：羊绒时装像什么不重要，还原时尚之本羊绒材质的意义，则显得非常重要，它成为时装设计创新的哲学之托！

中国服装设计金顶奖获得者、著名纯棉时装设计师

李小燕

流行文化是职业装时尚创新的价值所在

提到职业装，绝大多数人的第一印象恐怕要想到带有职业或者行业属性的套装。的确，职业装在人们的生活中实际上就是指的职业制服，是人们在从事某种活动或作业过程中，为统一形象、提高效率及安全防护的目的而穿着的特定制式的服装，亦称制服。在现代服饰中，由于社会上的绝大多数人都在从事某一职业，所以很多人与职业制服有联系。一个企业制服的选择、区分、风格定位多由主管部门统一制定、发放，而非穿着者自己购买。

近年来，随着中国经济社会的不断发展，各行业都开始越发重视企业自身形象的构建。面对竞争激烈的市场环境，在打造品牌化企业的路上，成熟、体系化的企业形象系统往往是企业竞争力中的一个重要因素，而与之相关的员工外在衣着形象也毫不例外成了人们关注的重点。因为职业装作为企业形象中的重要识别因素，能够传达出社会团体、企业的种种信息：经济实力、经营状况、精神面貌、管理水平等，直接影响到企业的综合竞争力。当然，职业装于国家、于社会团体、于个人也是一种社会符号和形象象征。

从某种意义上看，职业装对我们每个人而言都有非凡的意义，但令人遗憾的是，说起职业装的文化内涵、时尚化创新，我们还有很长的路要走。一般情况，一些企业在定做职业装时，都会提出比较具体的设计要求，然后再找合适的供应商进行配合，但对大部分的企业而言，他们对于职业装的设计可以说是完全没有"想法"。随着时代的进步，人们审美水平的提升，职业装的款式如果依然按照既定的套路去发展，这个细分行业难免会逐渐丧失竞争力。

职业装虽为制式服饰，但职业文化的创新，无不与一个企业，乃至国家的社会政治经济科技的发展密切相关。制式职业服饰设计创新的核心，虽离不开职业功能、职业标志、职业责任的体现，但"让工作更美丽"是职业装创新的动力。所以，研究时尚流行趋势，功能性面料流行趋势对职业装的创新化发展有非常重要的意义。

今天我们来仔细深究所谓的"流行文化"，实际上必须看到它是在现代社会生活中必不可少的一种生活娱乐方式，这种文化中包含的内容有重要作用，影响着人们思维方式的转变。可以看出，流行文化是社会上大多数成员参与，并以物质或非物质的形态表现出这个时代人们的心理状况与价值取向的社会生活。从流行文化的特性来看，它以商品经济为基础，以大众传媒为载体，以娱乐为主要目的，以流行趣味为引导，它有诸多的表现方式，包括消费文化、休闲文化、流行生活方式等，而在众多领域中，服装往往被人们提及的频次最高。

当设计师们抓住了这个特点，势必有助于在职业装的时尚化创新方面产生巨大的突破。除此以外，从职业装的穿着需求来看，考虑如何在面料材质方面进行创新也非常必要。相信在北京雪莲集团的引领下，通过整合社会机构、行业权威、专家院校等多方面的资源，能够把"羊绒针织服装流行趋势"的研究成果在我们的行业中进行普及，从而更多地为职业装时尚化发展带来更多的启示，演绎出更多既时尚又兼具企业文化内涵的设计作品。

中国服装设计金顶奖获得者、著名职业装设计师

刘薇

让流行理念缔造华夏色彩内涵

过去很长一段时间，中国的流行文化在很大程度上是参照西方发达社会而建立的，这种方式在我看来是值得商榷的。西方国家根据他们的民族肤色和环境特色制定了自己的流行文化体系，研究创建了流行色意，这套体系无疑是适合他们自己的，却未必适合中国。

色彩是时尚流行之本源。如果用当代心理学来解释色彩，我们可以看到：色彩是能够影响到视觉的，而视觉又会直接影响人们的心理，心理则能传导暗示，暗示最终会影响人们的行为。如果把"色彩"作为一种介于物质与精神之间存在的气象，色与天地万物间便有着一个内在与外在的关联。当色彩与传统的礼教规制连在一起时，色彩就是社会礼节与个人仪表的写意。西方国家的用色重在表面色，如人的肤色、环境色的搭配，追求的是视觉效果。与西方人种基因不同的华夏人，更看重文化礼仪、生活方式与艺术审美，我们讲究的则是色的内涵。

因此，并不适合西方表面色意的中华民族，创建华夏流行趋势的科学体系，用自己的色意文化来引领我们的时尚生活、创新我们的时尚产业，推动中国时尚消费生活加快走向世界，是中国时尚设计创新业亟待完成的重要课题。

创建中国的流行理念，使其在世界时尚流行领域产生影响并引起国际社会的关注，在多年对艺术牛仔服饰的设计创新中，我深切地体会到缔造华夏色彩内涵的重要性，体会到应当体现中国市场的多维视角与丰富维度，这才是中国的流行理念独领风骚走向世界的根本。

牛仔服饰是国外的泊来品，在设计中如果一味跟随国际牛仔时尚是永远难以创新的，而完全背离国际牛仔服饰语汇，又不可能得到市场的认同。为精准了解西方流行的色意，我时常到法国南部写生采风，甚至会在毕加索、塞尚曾经创作的地方租画室，和大师们在同一个角度进行创作。身临其境的创作，让我感受到了一种特别的心境，"参悟"与时尚设计相关联的创作心路，为我的设计带来了很多突破。我从国际社会流行的色意中，来寻找适合中国市场的牛仔服饰色彩内涵，如凸显牛仔的单宁色，大量使用玫红色提升艺术牛仔的视觉观感，从而使设计的牛仔服饰色彩在多元价值的社会背景下，具有了当代性和国际化，同时又切合了国内市场对牛仔服饰消费求新求异的需求，给人耳目一新的感受。

色彩的问题其实就是视觉的认知问题。用艺术的审美眼光，认知并欣赏业已成为民族视觉文化遗产的记忆，结合现实的美感体验，以现代消费欲望作为色彩文化传承和再创造的资源，可以为当代华夏色彩转型创新发掘内在动力，开拓中国流行理念的精神之源。

时尚流行源于色。缔造华夏色彩内涵，从追索不同国度、不同时代、不同颜色来源和工艺内涵入手，通过了解不同色彩的时代表现力，通过认知色在不同时代蕴含的色意义化及色彩故事，掌握现代颜色标准之根本，为华夏色彩科学制定出基本定位，并逐步丰富完善其内涵，是当代中华创建时尚流行理念不可忽略的基础工作之一。

博大精深的中华民族历史文化蕴藏着无数色彩宝藏，从中国传统色彩文化中挖掘内在的文脉，梳理出引领色彩现象内在的精神性，用智慧显现的方式去唤醒那些重要形象证据，用科学的理念和方法去追索这些色彩的原真态，用多维的方式来解读与诠释它，缔造出中华色彩独特的语境体系，可以为华夏色意文化积淀雄厚的时尚资本。

在中国时尚产业大军中，雪莲率先推出中国羊绒针织时装的流行理念，来引导推动羊绒时装消费市场，不仅是件极有意义的事情，而且是中华文化复兴国家昌盛品牌崛起的体现。但如何更深刻地张扬羊绒时尚饱满柔和的色彩、温馨柔润的触觉、高雅富贵的品质，如何更贴近个性化、年轻化的消费需求，雪莲任重道远。

中国服装设计金顶奖获得者、著名艺术牛仔服饰设计师

陈 闻

后　记

为了牢牢稳固雪莲在中国羊绒产业的领导地位,进一步提升雪莲在羊绒领域的时尚话语权,自2015年起至今,在雪莲集团董事长孟泽先生、总经理陈笛语先生的领导下,北京雪莲集团有限公司充分整合行业优势资源,与北京服装学院郭瑞萍教授进行了深入合作,系统而全面地推出了具有行业权威引导价值的"羊绒针织服装流行趋势"。如今,《2018—2019年秋冬羊绒针织服装流行趋势》即将面世。

至此,雪莲羊绒针织服装流行趋势,不再仅停留在那一场场绝美震撼的发布秀场中,也从一册册厚重的精装图册中跃然而出。它承载着品牌引领的意识、行业启迪的夙愿和参与者的点滴用心。可以说,通过连续四年的深入开发,"羊绒针织服装流行趋势"的内容得到了进一步的丰富与完善,不论是从商业化开发应用、时尚消费引导,还是艺术审美的角度,其价值都得到了广泛而充分的认可。

首先,从专业的角度看,"羊绒针织服装流行趋势"分别从色彩、廓形、设计点、材质、工艺等几大方面进行阐释,结合羊绒针织服饰的特性,逐步提炼出每一季的流行趋势。这些颇具实用性的趋势研究成果,不仅得到了国内外纺织服装行业权威人士、知名学者、专家等的高度认可,更为可贵的是,通过产品研发应用,还激发了设计研发团队的灵感,使国内羊绒品牌的研发设计水平有了显著的提升,这也是"羊绒针织服装流行趋势"创造的核心价值。

其次,在引导羊绒针织服装的消费方面,雪莲通过北京国际时装周的专业平台,把"羊绒针织服装流行趋势"的作品以大型时装发布会的形式进行展示,通过各大媒体的深入报道,通过一件件承载了流行趋势的产品发布,不仅树立了雪莲在消费者心中的时尚品牌形象,更大大激发了人们的消费欲望,重新去衡量羊绒服装的时尚价值。

一份权威的流行趋势研究成果,不仅仅是对人们审美的一种引导,最重要的价值还是指导人们的专业实践。尽管"羊绒针织服装流行趋势"的开发始于企业,但我们绝不要狭隘地理解为是雪莲品牌力图在羊绒针织流行趋势领域话语权的树立,而是通过

这种持续不断地专业研究和权威发布,能够让更多的人从中感受到羊绒服饰所具有的独一无二的时尚之美、内涵之美,并据此创作出更多、更美的羊绒时装与时尚产品。

时至今日,雪莲为中国羊绒行业带来了一缕时尚清风。本季趋势的发布,恰逢雪莲品牌转型重塑的重要时期,因此,雪莲集团对于将流行趋势为杠杆,撬动以雪莲为代表的中国羊绒产业格局向着具有更高自主设计水准和构建完善的产业生态链方向发展,抱着极大的信心和期待。

众所周知,我国的羊绒针织细分领域行业市场几近饱和,不论是上游的面料企业还是下游的品牌成衣企业,要想进一步发展,势必要从差异化的产品着手,否则整个产业链都将面临步伐异常艰难的局面。随着新零售消费浪潮的来临,羊绒服饰行业的崛起周期将变得更加紧迫,对企业和品牌而言,每种新兴的商业模式和营销手段都可能被瞬间复制。在经济发展的新常态下,如何根据瞬息万变的市场消费需求,推动整个羊绒服饰产业链上的企业谋求创新之路,从而保持羊绒服饰在消费者心目中的固有地位,将成为整个行业必须要破解的课题。而《2018—2019年秋冬羊绒针织服装流行趋势》的适时推出,也许能够为中国羊绒针织服装产业竞争力的全面提升注入一份活力,为中国羊绒品牌的时尚化崛起做出一份努力。

在此之际,要感谢以北京雪莲国际时装有限公司总经理徐卓、雪莲集团技术中心创意总监宋佳洁以及媒体事业部经理李哲为首的执行团队为此书出版做出的努力。

特别鸣谢

中国纺织工业联合会

北京时尚控股有限责任公司

中国服装协会

中国服装设计师协会

中国毛纺织行业协会

中国针织工业协会

中国纺织出版社

国家毛纺织产品质量监督检验中心（北京）

北京时装周有限责任公司

北京服装纺织行业协会

北京时装设计师协会

北京服装学院

赞助商

江苏鹿港文化股份有限公司　　恒天宝丽丝生物基纤维　　浙江新澳纺织股份有限公司
　　　　　　　　　　　　　　　　股份有限公司